中国茶道

ZHONGGUOCHADAO

问

林治

著

 世界图书出版公司

西安 北京 上海 广州

图书在版编目(CIP)数据

中国茶道300问/林治著. —西安：世界图书出版西安
有限公司，2017.8（2023.9重印）

ISBN 978-7-5192-3131-6

Ⅰ.①中… Ⅱ.①林… Ⅲ.①茶文化—中国—问题解答
Ⅳ.①TS971.21-44

中国版本图书馆CIP数据核字（2017）第204843号

书　　名	中国茶道300问
著　　者	林　治
责任编辑	李江彬
装帧设计	西安聚创图文设计有限责任公司
出版发行	世界图书出版西安有限公司
地　　址	西安市雁塔区曲江新区汇新路355号
邮　　编	710061
电　　话	029-87214941　87233647（市场营销部）
	029-87234767（总编室）
网　　址	http//www.wpcxa.com
邮　　箱	xast@wpcxa.com
经　　销	全国各地新华书店
印　　刷	西安市久盛印务有限责任公司
成品尺寸	787mm×1092mm　1/16
印　　张	12.5
字　　数	350千字
版　　次	2017年8月第1版　2023年9月第2次印刷
国际书号	ISBN 978-7-5192-3131-6
定　　价	58.00元

INTRODUCTION

序言

中国茶道300问

　　《中国茶道300问》就要付梓了，我的心中既高兴又特别忐忑不安。老子在《道德经》早就明示："道可道，非常道；名可名，非常名。"即老子认为"道"是无法用语言或文字表述的。"道"一说就错，一说必错。而我却啰啰嗦嗦，洋洋洒洒地写下了《中国茶道300问》，想必一定会错漏百出，出版之后真不知会闹出多少笑话。但是，目前我国茶文化界普遍存在"道""艺"不分的问题，这个问题不搞清楚会严重影响我国茶文化的发展，所以不得不硬着头皮跳出来抛砖引玉，在写了《中国茶艺学》和《茶艺学300问》之后，又写了《中国茶道》和这本《中国茶道300问》。

　　我们是炎黄子孙，我国传统文化的源头之一《易经》中就曾明确提出"形而上谓之道，形而下谓之器"。中国茶道属于形而上，注重于心，侧重从哲学、美学、规律等方面去讲茶事活着对人精神的影响，因此归在人文科学。而茶艺则注重于技，侧重于研究人、茶、水、器、境、艺等六大要素及泡茶的技巧和礼仪，因此归于生活艺术。只有清楚了茶道和茶艺的联系与区

别，我们在茶文化的研究和推广普及时才能做到心术并重，道艺双修，以道驭艺，以艺示道，体用结合。

另外，我斗胆抛出《中国茶道300问》也是希望能给茶友们一点启迪，并与大家分享自己在修习茶道中的一点心得。在此，谨献上拙作《品茗六悟》：

苦也罢，甘也罢，甘不贪恋苦不怕。人生百味一盏茶，坦然细品味，甘苦是一家。

浓也罢，淡也罢，无浓无淡无牵挂。心无执着万般好，浓时品酽情，淡时享清雅。

冷也罢，热也罢，世态炎凉任变化。闲心静品七碗茶，冷眼看世界，壶里乾坤大。

沉也罢，浮也罢，莫以浮沉论高下。自由自在展自性，平生任潇洒，沉浮无牵挂。

褒也罢，贬也罢，世人褒贬皆闲话。身无傲气有傲骨，宠辱两不惊，褒贬皆笑纳。

贵也罢，贱也罢，莫以铜臭薰灵芽。有缘得此苦口师，启迪真佛性，此茶值何价？

此"六悟"是我对《中国茶道300问》的一点心得体会，权且为序吧！

林治

2017年8月

CONTENTS

目

录

中国茶道300问

茶之道

茶之史

茶之论

茶之美

茶之养

中国茶道300问

茶之道

以茶散郁气，以茶驱睡气。以茶养生气，以茶除病气。以茶利礼仁，以茶表敬意。以茶尝滋味，以茶养身体。以茶可行道，以茶可雅志。

什么是道?

答:《辞海》对"道"有16种解释,在不同的情境中可以理解为途径、方法,法则、规律、人生观、思想体系及宇宙万物的本源、本体。不过在把"道"作为一门学科研究时,应当按照中国传统文化源泉之一《易传·系辞》中的解释理解为"形而上者谓之道"。"形而上"是指超越有形物质之上的思维方式和看不见,摸不着的事物的本质规律。

老子是如何解释道的?

答:老子认为道是宇宙万物的本原,是先于物质而存在的。他说:"有物混成,先天地生。寂兮寥兮,独立而不改,周行而不殆,可以为天下母。吾不知其名,字之曰道。"他还明确强调"道可道,非常道。"即道是宇宙本质规律,是无法用言语表达,只能用心去贴近它,感悟它,可以说出来的"道",就不是永恒的道了。

什么是茶道？

答：茶道是我国优秀传统文化的重要组成部分。"茶道"这个名词始见于唐代，但是历史上从来没有对其准确定义，当代的语言工具书大多也都还没有"茶道"这一词条，因为中国传统文化强调"道由心悟"。茶道如月，人心如江；月映千江水，千江月不同：有的"浮光耀金"，有的"静影沉碧"，有的"江清月照人"，有的"水浅鱼读月"，有的"冷月无声蛙自语"，有的"清江明月露禅心"……月只一轮，映相各异。一千个茶人对"茶道"会有一千种各不相同领悟，这正是修习中国传统文化的妙趣。

当代学者对茶道有哪些具有代表性的观点？

答：受西方科学的影响，当代试图给"茶道"下定义的学者很多，各种观点见仁见智，其中比较有代表性的有四种。例如，吴觉农先生"把茶视为珍贵高尚的饮料，认为饮茶是一种精神享受，是一种修身养性的手段"；庄晚芳先生认为"茶道就是一种通过饮茶的方式，对人们进行礼法教育，道德修养的一种仪式。"周作人先生认为"茶道的意思，用平凡的话来说，可以称为忙里偷闲，苦中作乐，在不完全现实中享受一点美与和谐，在刹那间体会永久。"台湾学者蔡荣章先生则认为在习茶的过程中"如要强调有形的动作部分，则用茶艺；强调茶引发的思想与美感境界，则用茶道。指导茶艺的理念就是茶道。"

 中国茶道既已成为一门学科，为何茶道仍然没有精确定义？

答：目前茶道已由中国的传统文化发展成为一门新兴的学科，因此，给茶道下定义是学科建设的基础。中国出版集团世界图书出版西安有限公司出版发行的茶文化学系列教材《中国茶道》中对茶道的定义是："茶道是中国优秀传统文化的重要组成部分，是茶文化的核心和灵魂。理论上，中国茶道是研究茶与传统文化的关系，以及以茶修身养性、愉悦心灵、感悟人生的一门人文科学。实践上，中国茶道是以茶修道的人生体验，茶道即人道。"当然，这仅仅是抛砖引玉的初步定义，有待于后人在茶文化教学和茶事实践中逐步完善。

 中国茶道的学科性质是什么？

答：中国茶道既是中国优秀传统文化的重要组成部分，又是一门新兴学科。中国茶道以茶为媒介，融汇了历史、文学、宗教、美学、民俗学、养生学、心理学及多门艺术，是综合性很强的一门人文科学。开设这门课不仅有利于学生传承我国的优秀传统文化，还能引导学生通过"品茶、品味、品人生"，达到正确地"品味生命，解读世界"，增进身心健康，提升综合素质的目标。

是谁最先使用"茶道"一词？

答：是唐代茶圣陆羽的方外之交——著名诗僧皎然和尚。他在《饮茶歌诮崔石使君》中写道："一饮涤昏寐，情思爽朗满天地；再饮清我神，忽如飞雨洒轻尘；三饮便得道，何须苦心破烦恼？"这首诗的结尾，皎然和尚还明确提出"孰知茶道全尔真，唯有丹丘得如此。"从诗中可见，皎然不仅仅提出了"茶道"这一名词，而且写出了通过品茶涤昏寐、清我神、破烦恼，达到净化心灵，修身养性的悟道过程。"丹丘"是传说中神仙所居之地。这句话的意思是：谁能明白茶道的真意呢？只有神仙才能知晓。

对于茶道，唐代还有哪些论述？

答：较为著名的有唐代宦官刘贞亮的《饮茶十德》："以茶散郁气，以茶驱睡气。以茶养生气，以茶除病气。以茶利礼仁，以茶表敬意。以茶尝滋味，以茶养身体。以茶可行道，以茶可雅志"。刘贞亮是茶圣陆羽的同时代人，卒于公元813年。由此可见在晚唐时期，我国朝野以茶行道已非常普及。

 是谁创立了中国茶道?

答：中国茶道的创立人是陆羽。中国人不轻易言道，中国茶道是在我国各民族民众数千年饮茶实践的基础上，经过唐代茶圣陆羽总结、提炼、升华后才形成的。陆羽（733—804）用大半生的心血编著了划时代的茶学著作《茶经》。该书分为三卷，共十章：一之源（茶的本源）、二之具（制茶工具）、三之造（茶的采制）、四之器（烹饮器具）、五之煮（煮茶方法）、六之饮（茶的饮用）、七之事（历代茶事）、八之出（茶叶产区）、九之略（茶具应用）、十之图（制成挂图）等十章，建立了茶道的系统理论体系，故唐代封演在《封氏闻见记》中评论道："楚人陆鸿渐（陆羽字鸿渐）为茶论，说茶之功效，并煎茶、炙茶之法。造茶具二十四事，以都统笼储之，远近倾慕，好事者家藏一副。有常伯熊者，又因鸿渐之论广润色之，于是茶道大行"。《茶经》是世界上第一部茶学专著，被后人誉为古代的茶学"百科全书"。《茶经》的付梓表明茶道正式创立。

中国茶道作为一门学科，其研究的主要内容有哪些？

答：中国茶道研究的主要内容包括四个方面：第一，中国茶道发展史，如产生的历史背景、经济基础、社会环境、文化土壤、传播过程等。第二，茶道的哲学基础和思想体系，如茶道与儒家思想、道家思想、佛家思想及哲学的关系。第三，茶道与相关学科的关系，主要包括茶艺学、茶叶商品学、茶叶审评学、茶道美学及相关的文学艺术，如诗词、绘画、书法、插花、焚香、音乐、楹联等。第四，修习茶道的意义和方法。

中国茶道理论体系的框架有何特点？

答：它主要包括中国茶道"四谛"：和、静、怡、真；中国茶道的人文追求：精行俭德；中国茶道的主要功能：感恩、包容、分享、结缘；中国茶道的修习方法：知行并重、道艺双修、体用结合等四大支柱。

 中国茶道的基本精神是什么？

答：对这个问题的认识是见仁见智的。庄晚芳教授曾提出"廉、美、和、敬"，庄教授解释其为"廉俭育德、美真康乐、和诚处世、敬爱为人"。百岁茶人张天福先生提出"俭、清、和、静"，他解释为"茶尚俭，勤俭朴素；茶贵清，清正廉明；茶导和，和衷共济；茶致静，宁静致远"。我认为中国茶道的基本精神是"和、静、怡、真"，其中的"和"是中国茶道的哲学思想基础；"静"是修习中国茶道的不二法门；"怡"是修习中国茶道的身心体验；"真"既是修习茶道的起点，又是终极追求。这四个字最能全面、准确、系统、深刻地反映出中国茶道的基本精神，故目前我国多数的学者比较认同"和、静、怡、真"为中国茶道"四谛"。

 为什么说"和"是中国茶道的哲学思想核心？

答：因为中国茶道根植于中华民族传统文化的沃土之中，吸收了儒、释、道三大主流文化的思想精华，充满了智慧的哲学思辨，积淀了厚重的道德伦理和人文追求，中国茶道之"和"源于《周易》中的"保合太和"。"保合太和"的意思是指世间万物皆由阴阳两要素构成，阴阳和谐，保合太和之元气，普利万物生长才是正道。"和"是儒、释、道三教共同尊崇的哲学理念。儒家的中庸之道，佛家的"六和敬"规则，以及道家"知和曰常""致清导和"的理念皆是对"和"的诠释，所以说"和"是中国茶道的哲学思想核心。

儒家是如何诠释"和"的？

答：儒家从"和"中推衍出中庸之道的中和思想。在儒者眼中，"和"是中、"和"是度、"和"是宜、"和"是当，"和"是一切恰到好处，既无太过亦无不及。在人与自然的关系上，"和"表现为"亲和自然"，崇尚"仁人之心，以天地万物为一体，欣合和畅，原无间隔"。在人与人及人与社会的关系上，"和"表现为"礼之用，和为贵"，提倡和衷共济，敬爱为人。在情与理的关系上，"和"表现为"精行俭德"的人文追求。由此可见，在儒者心目中，"和"是为人处世的立身之本，是最高的修养。

道家是如何诠释"和"的？

答：道家认为"道生一，一生二，二生三，三生万物。万物负阴而抱阳，冲气以为和"，生是阴阳之和，道是阴阳之变，人与自然界的万物都是阴阳两气相和而生的，人与自然本为一体，故应亲和自然。在处世方面，道家提倡"和其光，同其尘"，和蔼待人，和诚处世。道家还从哲学之和演绎出养生之和。在养生方面，道家认为茶可以"致清导和"，即茶能使人体阴阳平衡，五行协调，达到心灵自在自得，无阻无碍地与万物相悠游，以彻底的审美情调观照世界，体验人生乐趣，感受与天地万物豁然贯通的无上快意，从而达到身心健康，益寿延年。

 佛教如何诠释"和"？

答：《无量寿经》中记载，佛陀说："汝当平等修习摄受，莫执着，莫放逸。"这即是以"和"为核心的"中道妙理"。僧团修行清规"六和敬"为："身和同住、口和无诤、意和同悦、戒和同修、见和同解、利和同均"。这即佛门"以和为贵"的处世法则。另外，茶是中华本土的产物，佛教是国外传来的宗教，茶与佛教相结合便成了僧俗两界都推崇的"茶禅一味"，这"茶禅一味"即万法和融的典范。

 以"和"为哲学思想核心有何重要意义？

答：这一思想源于《周易》的"保合太和"，即世间万物皆由阴阳两要素构成，阴阳协调，保合太和之元气，使万物和谐才是人间正道。《中庸》指出"和也者，天下之达道也"。2015年4月24日，习近平总书记在纪念万隆会议召开60周年大会上总结，从我国儒家的"尚和"思想可以推衍出"四观"："一是天人合一的宇宙观；二是协和万邦的国际观；三是和而不同的社会观；四是人心和善的道德观。"因此，抓住了"和"，人与自然即能"天人合一"，人与社会即可和谐无碍，人的身心即能欣合和顺，得大自在。因此，"和"不仅是中国茶道的灵魂，而且是中国茶人的襟怀和境界。

茶道 "和"在茶道中有哪些具体表现?

答:在茶事过程中,"和"表现为"酸甜苦涩调太和,掌握迟速量适中"的中和之美;"奉茶为礼尊宾客,浓淡适中表真情"的和敬之礼;"饮罢香茶表寸心,赞罢佳茗赞主人"的谦和之仪,以及茶事过程中"朴实古雅去虚华,宁静致远隐沉毅"的平和心态。总之,正如泽庵在《茶亭之记》中所言:"此所谓赏天地自然之和气,移山川石木于炉边,五行具备也。以天地之和气为乐,乃茶道之道也!"

茶道 为什么说"静"是修习中国茶道的不二法门?

答:因为中国茶道是以茶沟通自然、内省自性、澡雪心灵、追寻自我的修身养性之道,必须心静神宁。这里的"静"并非无声,亦非不动,而是"虚静"。心不被名利欲望充斥谓之"虚",不受外部事物干扰谓之"静"。因为只有我们的心不浮、不燥、不乱,达到虚静空灵方能与道会真。所以,茶人把"静"视为修习中国茶道的不二法门。

道家如何诠释"静"?

答：老子认为"致虚极，守静笃，万物并做，吾以观其复"。庄子认为"水静则明烛须眉，平中准，大匠取法焉。水静伏明，而况精神。圣人之心，静乎，天地之鉴也，万物之镜也。"他们启示的都是"虚静观复法"，即当人心静后就会像镜子一样真实地反映出天地万物和自然规律。因此，在道家眼里，"静"是他们洞察自然、反观自我、明心见性、体悟大道的无上妙法。庄子总结说："以虚静推于天地，通与万物，此谓之天乐。"

中国茶道正是通过茶事活动创造一种宁静的氛围和空灵的心境，让茶的清香静静地浸润心田的每一个角落，让茶的清爽静静地唤醒身体的每一个细胞，心灵便在虚静中升华净化，身心便在虚静中与大自然融涵玄会，达到"天人合一"的天乐境界。

儒家如何诠释"静"?

答：历代儒士都视"静"为"越名教而任自然"的思想基础。陶渊明追求"闲静少言，不慕荣利"。王维宣称自己"吾生好清静，蔬食去情尘"。白居易的座右铭是"修外以及内，静养和与真"。苏东坡对"静"的理解更加深刻而全面，他认为"夫人之动，以静为主，神以静舍，心以静充，志以静宁，虑以静明，其静有道"……由此可见古代儒士都是在"静"中明心见性，同时也是在"静"中去追寻自己独立的人格和自尊的。

茶道 佛家如何诠释"静"?

答：禅（梵语Dhyana）译成汉语即"静虑"。即指专心一意，摄神息念，排除一切干扰，以虚静之心去领悟佛法真谛。佛教还把"戒、定、慧"三学作为修持的基础，修行必依"戒"资定，"戒"即止恶修善；依"定"发"慧"，"定"是息缘静虑；依"慧"成佛，"慧"是觉悟证真。在这里"定"就是"静"，"静"是发"慧"的前提，足见"静"在佛教修行中是达到大彻大悟的不二法门。佛祖在灵山法会上拈花微笑不语，中国禅宗初祖达摩在嵩山少林寺面壁九年……这些都是"静"的典范。

 "静"在中国茶道中有何作用？

答："静"既是茶事活动的意境，又是茶人的思想境界，无论儒生羽士还是高僧大德，都殊途同归而把静作为修习茶道的不二法门。因为静则明，静则虚，静可虚怀若谷，静可内敛含藏，静可涤除悬鉴，静可洞察明澈，静可体道入微。宋代大儒程颢诗云"万物静观皆自得，四时佳兴与人同"，苏东坡在谈诗时写了一首充满哲理玄机的诗："欲令诗语妙，无厌空且静。静故了群动，空故纳万境。"他讲的是诗道，也适合于茶道，因此我们认为"欲达茶道通玄境，除却静修无妙法。"

宋代大儒程颢对于"静"在另一首诗中讲得也很明白。他在《秋日偶成》中写道：

闲来无事不从容，睡觉东窗日已红；

万物静观皆自得，四时佳兴与人同。

道通天地有形外，思入风云变态中；

富贵不淫贫贱乐，男儿到此是豪雄。

得一"静"字，便可洞察万物、道通天地，思入风云，心中常乐，且可称之为男儿中之豪雄，足可见儒家对"静"推崇备至。

茶道中"静"与"美"常常相得益彰，有实例吗？

答：这样的例子有很多。例如唐代文学家、古文运动倡导者柳宗元的《夏昼偶作》：

南洲溽暑醉如酒，隐几熟眠开北牖。

日午独觉无余声，山童隔竹敲茶臼。

这里描写的是境之静。

又如北宋书法家、政治家、茶学家蔡襄的《试茶》：

湖上画舫风送客，江边红烛夜还家。

今朝寂寞山堂坐，独对炎晖看雪花。

这里的"雪花"指茶的泡沫，诗中写的是人之静，物之静，体道入微。

再如南宋诗人杜耒的《寒夜》：

寒夜客来茶当酒，竹炉汤沸火初红。

寻常一样窗前月，才有梅花便不同。

此诗写的是夜之静，寒夜因为有茶而显得静美。

清代扬州八怪之一郑板桥的《题画》写得更妙：

不风不雨正清和，翠竹亭亭好节柯。

最爱晚凉佳客至，一壶新茗泡松萝。

这首诗静中有动，动中有静，给人无穷的遐想。

茶道 025 为什么把"怡"列入中国茶道"四谛"？

答："怡"指和悦愉快之意，人们常用心旷神怡、怡然自得来形容快乐的最高境界。中国茶道崇尚自然，率性任真，不拘一格，雅俗共赏，茶人对中国茶道的感悟有三重层次：茶是一种生活，茶是一种享受，茶是一种境界。无论处在哪一重境界，"怡"都是正确习茶的标准。

"茶是一种生活"强调的是"柴米油盐酱醋茶"，在这个层面上习茶，能令人"怡目悦口"，获得感官上的快乐。

"茶是一种享受"崇尚"琴棋书画诗曲茶"，在这个层面习茶，能让人"怡情悦意"，得到身心愉悦，实现精神上的升华。

"茶是一种境界"追求的是体道、悟道，在这个层面习茶，能令人"怡神悦志""心旷神怡""怡然自得"，使人打破自身的生理局限性，实现心灵的破茧化蝶，达到对道的深切体悟。

因为无论哪个阶层，哪个民族，何种信仰的人在习茶的不同阶段中都能体验到不同的感官快乐和身心愉悦。所以，"怡"是中国茶道"四谛"之一。同时，在中国茶道中"怡"的广泛性也是中国茶道比日本茶道所优越之处。

茶道 026 　　在中国茶道中，"怡"可分为哪几个层次？

　　答："怡"在中国茶道中表现为雅俗共赏，异彩纷呈，最能让茶人在茶事活动中得到多种多样的美妙享受。在中国茶道中，"怡"可分为三个层次：其一是"怡目适口"的直觉快感；其二是"怡情悦意"的审美体验；其三是"怡神悦志"的精神升华。

茶道 027 　　何为"怡目适口"的直觉快感？

　　答：中国茶道强调"人、茶、水、器、境、艺"六大要素中美的发现，美的整合，美的展示。幽美的环境，精美的茶具，优美的音乐，以及茶那种妙不可言的色香味韵及茶艺师的仪态气质和泡茶技艺，都作用于人的审美感官，使人产生快感，这是"茶道之怡"中最粗浅的层次。如唐代诗人崔钰在《美人尝茶行》中写道："朱唇啜破绿云时，咽入香喉爽红玉"。宋代诗人王禹偁在《龙凤茶》中写道："香于九畹芳兰气，圆似三秋皓月轮"……这些均属于"怡目适口"的直觉快感。

何为"怡情悦意"的审美领悟?

答:茶的色香味及茶事活动中的美妙情景,必然会撩动茶人的思想情感,唤醒记忆,引发联想,令人心旷神怡,此即怡心悦意的审美感悟。例如唐代诗僧灵一和尚的《与元居士青山潭饮茶》中写道:"野泉烟火白云间,坐饮香茶爱此山。岩下维舟不忍去,清溪流水暮潺潺。"再如宋代诗人黄庭坚在《品令·茶词》中写道:"味浓香永。醉乡路,成佳境。恰如灯下故人,万里归来对影。口不能言,心下快活自省。"他们抒发的都是怡情悦意的审美领悟。

何为"怡神悦志"的精神升华?

答:这是指茶人在参与茶事活动的审美观照过程中,经过感知、理解、想象等多种心理活动,品出了茶的物外高意,悟出了茶道的玄机妙理,感受到物我两忘之后的"至美天乐",达到明心见性的畅适。如唐代诗人温庭筠在《西陵道士茶歌》中写道:"疏香皓齿有余味,更觉鹤心通杳冥。"再如明代诗人闵龄在《试武夷茶》中写道:"啜罢灵芽第一春,伐毛洗髓见元神。"这都是怡情悦志的精神升华。

在日常生活中茶道之"怡"有哪些具体表现？

答：中国茶道的"怡"极具广泛性，不同地位，不同民族，不同信仰，不同文化层次的人对茶道之"怡"的追求也各有不同。权贵讲茶，道重在"茶之珍"，意在炫耀权势，夸示富贵，附庸风雅。文士讲茶，道重在"茶之韵"，意在托物寄怀，激扬文思，结交朋友。佛门讲茶，道重在"茶之德"，意在提神驱困，参禅悟道，见性成佛。道家讲茶，道重在"茶之功"，意在品茗养生，增长功力，羽化成仙。普通百姓讲茶，道重在"茶之味"，意在祛腥除腻，涤烦解渴，招待亲朋。茶人讲茶，道重在以茶济世，怡己悦人，修身养性。无论什么人都可以从中国茶道中得到生理上的快感，精神上的满足和心灵上的愉悦。

茶道 中国茶道在茶事活动中的"怡己悦人"有哪几种表现方式?

答：中国茶道在茶事活动中的"怡己悦人"表现为三种人境：独品得神、对啜得趣、众饮得慧。"独品得神"即一个人品茶不受任何干扰，可以心驰宏宇，神交自然，让自己的心与茶对话，不受干扰地去领悟茶道要义。"对啜得趣"是指和一个知己相对品茗，或把盏叙旧，或畅谈人生，或心有灵犀一点通，只是静静地享受茶，享受友情，享受当下的美好时光，体会其中的无穷乐趣。"众饮得慧"是指茶人们信奉"独乐乐不如众乐乐"，常把茶作为友谊的纽带，社交的桥梁。大家聚在一起品茶"三人行必有我师"，可以结交许多良师益友，得到许多信息，学习到许多书本上学不到的知识。

在中国茶道中，"真"做何解？

答："真"原本是道家的哲学范畴，是"假"与"伪"的对立面。庄子曰："真者，精诚之至也。不真不诚，不能动人。真者所受于天地，自然不可易也。故圣人法天贵真，不拘于俗"。茶道传承了道家学说，视"真"为事物的本性、本质，奉"真"为人的修养、境界。因此，在中国茶道中，"真"有四重含义，即物之真，情之真，性之真，道之真。中国茶人既把"真"作为茶道的起点，又作为茶道的终极追求。

 在中国茶道中何为物之真？

答：物之"真"是中国茶道的起点，即在茶事活动中，一切追求自然本色，茶宜真茶、真香、真味；环境最好是真山、真水、真花、真草、真竹、真木；器皿最好是真陶、真瓷、真石、原木；字画最好是名家真迹或自己的书绘作品；所插的花也应当是新采摘的鲜花。茶人认为"善""美""情""义"都是依托于"真"而存在的。忽视了物之"真"去讲茶道，必然会陷入伪茶道。

 在中国茶道中何为情之真？

答：中国茶道最讲究"一期一会"，惜情惜缘。在待客前要设法了解茶友的信仰、情趣、爱好。待客时要真心实意，泡茶时要投入真情，并通过品茗叙怀，真诚沟通，使茶友之间的真情得到发展，达到互见真心的境界。同时，只有切实做到"情之真"才能建立起茶友之间的深情厚谊，使自己身处温馨、和睦的人际关系之中。.

 在中国茶道中何为性之真？

答：这里所说的"性之真"是指通过修习茶道恢复人类自然属性中善良的本性——"神性"，克服"魔性"，在茶事活动中努力做到物我两忘，在无我的境界中放飞自己的心灵，放逐自己的天性，达到"全性保真"。"全性保真"中所说的"真"是指生命。庄子曰："道之真，以治身"。即通过修习中国茶道，逐步顺应自己的天性，彻底打破"我执"和"法执"，最终破除一切对人性的禁锢，让心灵破茧化蝶，自由翱翔，从而实现率性任真，本色做人。

在中国茶道中何为道之真？

答："真"既是中国茶道的起点，又是中国茶道的终极追求。即在茶事活动中，茶人以淡泊的襟怀，旷达的心胸，超脱的性情和闲适的心态去品味茶的物外高意，将自己的感情和生命都融入大自然，去追求对"道"的真切体验，即通过以茶修身养性，最终体验到"道"中清静无为的自然本性，达到澡雪心灵，明心见性，天人合一，与道会真。具体表现在茶人"日日是好日"中。

什么是中国茶道的人文追求？

答：《易经》曰："文明以止，人文也。关乎人文，以化成天下"。中国茶道的人文追求即以茶化成天下，使普天下人都有高尚品德。陆羽把这种追求浓缩为"精行俭德"。"精"，《古今韵会举要》中解释为"精，专一也。"精行，即待人专诚真挚。"俭"，在《说文解字》中解释为"俭，约也。"俭德，即行为内敛淡泊，在道德上善于约束自己，不放纵。

 修习中国茶道有何意义？

答：中国茶道使一片树叶有了讲不完的故事，使一杯茶水成了一篇哲学大道理，一篇人生大道理。修习茶道可以使品茶超越人的单纯的生理需要，也超越单纯的艺术审美，甚至超越政治说教，使品茶具有修身养性，净化心灵，纯化社会的功能。已故的高僧净慧法师把修习茶道的功能概括为"感恩、包容、分享、结缘"。

 中国茶道为什么倡导"感恩"？

答：因为一切生命都依赖于外部环境而存在，任何人都不可能离开大自然，离开社会，离开他人的关照而独自生存。感恩是人对自然，对他人，对社会心存感激、立志回馈的一种心态，是乐于真情奉献、不求回报的美德，是人心向善的修养。所以佛家倡导要报"四重恩"，即"报父母恩、报众生恩、报国家恩、报三宝恩"。中国茶道强调以感恩之心品茶，即用感恩的心态生活，时时牢记别人、社会与自然对自己的好处，可化解戾气，发扬正气，成就和气，使生活充满真善美，使生命之花更绚丽。"受人滴水之恩，当涌泉相报。"这既是中华民族的传统美德，也是中国茶人的传统美德。

 茶道为何倡导"包容"？

答："包"者，指包含容纳之意。"容"者，接纳、原谅、宽容、忍耐之意。包容之心可使人超越地位尊卑、圣凡对立、民族界限、性别差异甚至超越宗教信仰的不同，使大家都能以平常心、随喜心来共享茶与生活的甘甜苦涩、正清和雅。因此，茶人视"包容"为美德、是气质、是智慧、是风度。

 为什么说包容是最好的自我保护？

答：因为当你包容万物时，你也自然受到万物的包容。所以，茶人普遍认为包容不仅仅是一种美德、一种气质、一种风度、一种智慧，同时还是最好的自我保护。佛教有一公案，讲的是寒山禅师问拾得禅师"有人谤我、辱我、骗我、欺我、轻我、憎我，我当如何置之？"拾得禅师答曰："你且让他、避他、敬他、忍他、由他、不理他，再过几年你且看他又能如何。"可见忍让、包容比以眼还眼，以牙还牙更能保护自己。

茶道　"包容"在茶道理论建设上有何具体表现？

答：茶道所讲的"包容"包括三个层次：茶性的包容，茶人的包容和茶道理论的包容。茶性的包容表现为茶不仅仅可以清饮，还可以调饮，可以和糖、奶、花、冰、蜂蜜、咖啡、酒、果酱等调和成各种美味可口的浪漫饮料。茶人的包容主要表现在"天下茶人是一家"，体现在"以和为贵""和衷共济""和诚处世"的茶人精神。茶道理论的包容主要表现在中国茶道不仅融汇了儒家的中庸之道、格物致知、克明峻德的理论及积极入世的情怀；道家天人合一，道法自然，达生、贵生、尊生、养生的思想；佛家茶禅一味、无住生心、活在当下、一期一会的精神和"真空妙有""慈悲为怀"的理念。同时，中国茶道还能包容西方文化和现代科学。正因为中国茶道具有广泛的包容精神，所以形成了博大精深，融汇三教，思接千古，视通万里的理论体系，使得中国茶道既是一种平凡的生活，又是一种高雅的享受，还可以是修行的不二法门。

 茶道为何倡导"分享"？

答："分享"是彻悟"舍"与"得"辩证法的大智慧，是大爱无疆的表现。"分"是付出，是舍；"享"是享用，是得。茶道的"分享"包括物质和精神两个层面。例如，当茶友们分享一杯茶时，所分享的不仅仅是茶汤的艳丽，茶气的芬芳，茶味的隽永，茶韵的美妙，同时还分享品茗带来的身心愉悦。用分享的心态事茶可以培养茶人推己及人的仁爱情怀，使人少一点私欲，多一些公心；少一丝冷漠，多一分关爱。若人人都明白"独乐乐不如众乐乐"，都乐于把物质、财富、幸福、快乐与大家分享，那么这个世界必将充满友爱与温馨。

 茶道为何倡导"结缘"？

答："缘"是佛教的哲学基础。佛教认为"缘"是万事、万物、万象发展变化的起因，是导致一切事件的缘由。一切精神和物质现象都处于一定的因缘关系中，缘在则生，缘尽则灭，人自然也不例外。茶道发扬光大结缘理论，倡导以茶为媒来结茶缘、结佛缘、结法缘、结善缘，让法的智慧，佛的慈悲，茶的芳洁通过结缘广泛传播，净化人心，和谐万物，利乐众生。

 为什么弘扬茶道有助于实现"茶为国饮"？

答：目前"茶为国饮"还只是民间的口号和茶人的愿望。要真正实现茶为国饮，必须通过弘扬茶道促使青少年也爱茶，使饮茶有更广泛的群众基础；使茶更能传承民族文化；使茶成为中华民族与世界交流的精神"名片"。要想最终使茶成为"国饮"，成为我国大众的"一种生活，一种享受，一种境界"，单靠促销茶叶和推广茶艺是远远不够的，还必须坚持弘扬茶道，使中华民族传统文化的灵魂借助茶而鲜活起来。

 为什么修习茶道能体验"茶味人生"？

答："茶味人生"是先苦后甜，百味杂陈，回味无穷的多彩人生。"茶味人生"是内部素质和外部环境高度和谐的人生。修习茶道要求茶人心如晴空，放下一切，从茶中品味生活百味，从苦涩中品出甘美芬芳。"茶味人生"是对虚荣人生的彻底否定，即剥去人类为了"神圣"而制造的一切伪装，摆脱一切功利之心，以赤子之心拥茶共舞，以审美之心观照世界，以超然之心去体验生活的本真，感悟茶道的真谛。可以说，"茶味人生"就是以茶悟道的人生。

 为什么说"神农尝百草"的传说是中国茶道的滥觞？

答：因为该传说体现了茶道的基本精神。神农即炎帝，是中华民族的远祖。相传，他为民配药甘愿以身试毒，体现了以人为本的精神；他既不怕牺牲，敢于去尝各种野草，甚至是不明药性的毒草，中毒后又顽强求生，体现了达生和贵生并重的精神；他最先发现了茶，并率先用茶为大众治病，体现了勇于实践、敢为人先的精神。这些都是中国茶道基本精神的源头，所以我们把神农奉为华茶始祖。

为什么说中国茶道兴于唐代？

答：唐代贞观之治后形成了百业俱兴、国富民强的太平盛世，茶产业大发展，为茶道的萌芽奠定了经济基础；唐代开明、开放、自信、充满活力的社会环境为茶道的产生提供了文化土壤；唐代朝野上下都嗜茶，形成了宫廷茶文化圈、文士茶文化圈、宗教茶文化圈、民众茶文化圈，为茶道的发展奠定了广泛群众基础；陆羽所著的《茶经》为茶道总结了系统的理论。所以，茶学界普遍认为中国茶道兴于唐代。

 为什么说唐代陆羽所著《茶经》开创了中国茶道？

答：人类生活中的任何事物要上升为"道"都必须总结出系统理论。唐代陆羽的《茶经》三卷十章不仅系统地论述了茶之源、茶之具、茶之造、茶之器、茶之煮、茶之饮、茶之事、茶之出、茶之略、茶之图，而且阐述了"中和"的哲学思想，精行俭德的人文追求，以及治国平天下的入世情怀，从而奠定了中国茶道的理论基础。《茶经》是世界首部茶学专著，具有划时代的意义，《茶经》的付梓被视为中国茶文化发展史上的重要里程碑，被认定为是创立中国茶道的主要标志。

 陆羽在《茶经》中是如何论述"中和"哲理的？

答：陆羽在《茶经》中用244个字描写他设计的风炉，强调炉脚上刻的"坎上巽下离于中""体均五行去百疾"。坎在八卦中代表水，巽代表风，离代表火，陆羽用他设计的风炉形象而生动地揭示了阴阳和谐、五行和谐才是长生之道，是自然之道。

 陆羽在《茶经》中是如何论述"精行俭德"的?

答:陆羽在《茶经》中开宗明义指出"茶之为用,味至寒。为饮,最宜精行俭德之人"。陆羽认为饮茶重在自我修养,澡雪心性。"精行俭德"是陆羽心目中的理想人格,是他的人文追求,"精行"即行为专诚。"俭德"即德行恭谦,不放纵自己。陆羽认为"精行简德"之人最宜饮茶。

 陆羽写《茶经》的根本目的是什么?

答:在《茶经》中,陆羽借助他设计的风炉上刻的"伊公羹,陆氏茶"回答了此问题。伊公即伊尹的尊称,伊尹生于公元前18世纪,原是厨师,他"以羹论道",被商汤拜为宰相,协助其灭夏并建立了商朝。伊尹被后代历史学家称为是商代最杰出的思想家、政治家。陆羽在《茶经》中很自信地把"陆氏茶"与"伊公羹"相提并论,表明了他写《茶经》的目的是"以茶澡雪人心,以茶经世治国"。

为什么说风炉是解读《茶经》的钥匙?

答:惜墨如金的陆羽不惜用244个字描写他精心设计的风炉,此中颇有深意。炉子的三只脚上铸着三句话:其中一只脚上铸着"坎上巽下离于中"。坎、巽、离是三个卦,坎代表水,巽代表风,离代表火,这句话昭示了陆羽崇尚五行调和的哲学思想;另一只脚上铸着"体均五行去百疾",昭示了茶道养生的基本原理;还有一只脚上铸着"圣唐灭胡明年铸",表明这只风炉铸于唐朝官军安禄山叛军后的第二年,这反映了陆羽的爱国情怀。风炉的窗户上还铸着"伊公羹""陆氏茶"六个字,把"陆氏茶"与"伊公羹"相提并论,即表明了《茶经》不是一部普普通通就茶论茶的茶学专著,而是一部济世治国的宝典。

陆羽是如何对待名利的?

答:陆羽写有一首著名的《六羡歌》:"不羡黄金罍,不羡白玉杯,不羡朝入省,不羡暮入台,千羡万羡西江水,曾向竟陵城下来。"黄金罍、白玉杯都是价值连城的酒器,代表财富。"省"和"台"都是唐代高级官署衙门,代表着权利地位。西江水代表他追求的事业。此诗反映了陆羽视名利富贵如浮云,一生皓首穷茶的高洁情怀。

有什么实例能说明陆羽淡泊名利？

答：陆羽在《戏作》中明确表示："乞我百万金，封我异姓王，不如独悟时，大笑任轻狂。"他是这样说的，也是这样做的。《茶经》付梓后，陆羽名满朝野，唐代宗先后诏拜他为"太子文学""太常寺太祝"，陆羽都婉辞圣命，依然专心事茶。"太子文学"官职虽然不高，唐玄宗时位正六品下，但是前程无量。太常寺是封建社会掌管礼乐祭祀的最高行政机关，太祝是祝官之首，《周礼》规定太常寺太祝掌管六祝之辞，祈福祥，求永贞，通常由德高望重的人担任。陆羽能不为高官厚禄所动，其高风亮节可见一斑。

陆羽是如何忧国忧民的？

答：从陆羽的《四悲诗》可见他忧国忧民的茶圣情怀。诗云："欲悲天失纲，胡尘蔽上苍。欲悲地失常，烽烟纵虎狼。欲悲民失所，被驱若犬羊。悲盈五湖山失色，梦魂和泪绕西江。"诗中真实地记录了陆羽忧国爱民的高尚情怀，"悲盈五湖山失色，魂梦和泪绕西江"的诗句，至今读来仍然令人感动涕零。

 陆羽是如何对待爱情的?

答:陆羽幼时被智积禅师寄养在儒士李公家中,与李公的千金李季兰相伴读书嬉戏,两人结下青梅竹马的深厚感情。不久李公去江南任职,陆羽和李季兰一别二十多年,两人在湖州重逢时,李季兰已沦落为风尘女冠并且体弱多病,但是陆羽仍然痴情不改,常常早出晚归去照顾她。《全唐诗》中收录了李季兰的一首《湖上卧病喜陆鸿渐至》,这首诗具体而细腻地记载了陆羽对她的关爱。诗曰:"昔去繁霜月,今来苦雾时。相逢仍卧病,欲语泪先垂。强劝陶家酒,还吟谢客诗。偶然成一醉,此外更何之。"后来,李季兰因为政治原因被唐德宗下令捕杀,当时陆羽已经五十多岁,他闻讯后悲痛欲绝,老泪纵横,写了一首《会稽东小山》哀悼季兰:"月色寒潮入剡溪,青猿叫断绿林西。昔人已逐东流水,空见年年江草齐。"随后陆羽因睹物伤情,毅然离开生活了三十多年的成名之地湖州,开始了晚年的漂泊生涯。

茶道 陆羽是如何对待友情的?

答:弃婴出身的布衣寒士陆羽在极重门第出身的唐代却受到了各界名流的推崇。《唐书》中曾有记载:"天下贤士大夫,半与之游"。即天下有近一半的名仕都喜爱和陆羽交朋友。因为陆羽待友一诺千金,"虽冰雪千里,虎狼当道"也一定赴约,并且他"见人为善,若己有之;见人不善,若己羞之",对朋友能直言不讳。正因为这样,所以陆羽的朋友中既有颜真卿、崔国辅、李齐物这样的达官显贵,又有皎然和尚、灵一上人这样的高僧;既有戴叔伦这样的落难官员,又有张志和这样的闲云野鹤……陆羽和皎然和尚"生相知,死相随"的缁素忘年交,为天下茶人树立了榜样,陆羽的一生告诉我们:只要行高于众,待人真诚,最终必将"莫愁天下无知己,天下谁人不识君"。

茶道 陆羽认为悟道的标准是什么?

答:《高僧传》记载,陆羽与高僧就道标论道时提出:"夫日月云霞为天标,山川草木为地标,推能归美为德标,居闲趣寂为道标。"前两句是铺垫,后边两句才是重点。即陆羽认为推崇能人,追求真善美,并且乐于成人之美的人,是一个人有德行的人。心如晴空,毫无挂碍,无所持著,能泰然自若地品味孤独、享受寂寞的人才是悟道的人。

茶之道 060　为什么说中国茶道盛于宋代？

答：中国茶道盛于宋代的原因主要有四个方面。

其一，宋徽宗赵佶亲撰的茶书《大观茶论》极大地提高了茶的地位。在该书中，宋徽宗提出茶是"擅瓯闽之秀气，钟山川之灵禀，祛襟涤滞，至清导和"的天地灵物。品茶可以"沐浴膏泽，熏陶德化"，所以品茶是"盛世之清尚也。"

其二，宋代涌现出梅尧臣、欧阳修、王安石、范仲淹、苏轼、黄庭坚、陆游、朱熹等文士茶人和大批茶书。如蔡襄的《茶录》，周绛的《补茶经》，宋子安的《东溪试茶录》，叶清臣的《述煮茶小品》，等等。

其三，宋代斗茶之风在朝野兴起，饮茶习俗不断普及，贡茶和斗茶促进了制茶的工艺水平不断提高，也促进了茶业生产业随之大发展。

其四，"茶禅一味"在宋代被僧俗两界共同推崇，丰富了茶道思想内涵。宋代高僧释智圆、佛印、圆悟克勤等对茶道文化的发展都做出了卓越的贡献。

《大观茶论》是什么书？

答：《大观茶论》是宋代的第八个皇帝宋徽宗赵佶所著的茶书，也是世界上唯一的一本由皇帝亲撰的茶书，成书于1107年，其时正是"大观"年间，"大观"是宋徽宗的年号，故名《大观茶论》。该书以唐代陆羽《茶经》为立论基础，分20个问题系统地阐述了宋代的茶叶种植、贡茶产地、制作、鉴别、茶艺和茶文化概况，特别详细地记载了宋代斗茶的盛况，提出了评判茶、水、器优劣的标准，并且极力推崇品茶这一高雅的娱乐。《大观茶论》是古今中外茶书中的佳作。

《大观茶论》对发展中国茶道有何意义？

答：《大观茶论》中强调茶有"祛襟涤滞，致清导和"的养生功效，并且有"沐浴膏泽，熏陶德化"的修身养性，教化民众的功能。在正文中全面介绍了茶、水、器的评价标准和斗茶的方法，把茶艺推上了高尚娱乐的圣坛。该书内容丰富，论述得体，文辞优美，造诣精深。借助于宋徽宗的大力推广，当时就使北宋出现了举国上下"倾身茶事不知劳"的局面，茶道在人们如痴如醉的追求中普及到社会各个阶层，渗透到大众生活之中。从茶学的角度看，《大观茶论》有很高的学术价值和史料价值；从文学角度看，《大观茶论》是字字珠玑的经典妙文。

 朱熹对中国茶道理论的发展有何贡献？

答：朱熹（1130—1200）字元晦，号晦庵，晚年称晦翁，是南宋著名的理学家、思想家、哲学家、教育家、诗人，是宋代程朱理学的领军人物之一，后人称他为朱子或朱文公。朱熹一生的大部分时间生活在我国著名的茶乡武夷山，在以茶喻理方面独树一帜。例如他通过饮茶体验阐明"理而后和"的茶道要义。朱熹在《朱子语类》中论述道："物之甘者，吃过却酸，苦者吃过却甘。茶本苦物，吃过却甘。问：此理何如？曰：也是一个道理，如始于忧勤，终于逸乐，理而后和。"理是自然规律，是和的前提，只有"循理苦修"才能得"至和"之甘甜。

 宋代斗茶之风对茶道的发展有何作用？

答：斗茶又称为"斗茗""茗战"，即通过比赛评比茶叶优劣。斗茶源于唐代宫廷，到了宋代朝野广为流行，上至帝王将相，下至文人墨客乃至民间茶客，人人都乐此不疲。当时只要是有钱有闲的爱茶人都把斗茶视为既富有竞争性又富有趣味性的雅玩。斗茶把鉴水、赏器、竞技相结合，加速了茶文化的普及，并从实践上发展了茶道。

"茶禅一味"的思想源头在哪里？

答："茶禅一味"是历代众多高僧大德以茶修心，以茶悟道的经验总结，其思想源头不可能局限于某一个地方或某一座寺庙。比较著名的公案有三个："吃茶去"公案——出于河北赵州柏林禅寺（原名观音寺）；"猿抱子归千嶂岭，鸟衔花落碧岩泉"公案——出于湖南石门县夹山寺；"横行数步又何妨"公案——出于福建省崇安县（今武夷山市）瑞岩寺。

茶道 ⁰⁶⁶ 为何"吃茶去"公案是茶禅一味的思想基础之一？

答："吃茶去"公案出自赵州柏林禅寺。唐代高僧从谂和尚驻世120年，曾住持于赵州柏林禅寺，唐代称观音寺。有一天，一位游方和尚入寺拜见从谂大师。师问："来过赵州否？"答曰："未曾来过。"师曰："吃茶去！"不久又有一僧从远方来拜见。师依旧问："来过赵州否？"答曰："来过！"师曰："吃茶去！"旁边的院主不解地问："为何来过与不曾来过皆令吃茶去？"师唤："院主！"院主应"诺！"师曰"吃茶去！"这就是禅宗著名的"三字禅"公案。为什么呢？答案有三解。

解一：宋代投子义青偈："见僧被问曾到此，有言曾到不曾来。留坐吃茶珍重去，青烟时换绿纹苔"。人生如梦，来去匆匆，了悟佛法就应当珍重在当下"吃茶"中体验人生。君不见繁华都市的青烟瞬间更变为坟头苍苔？

解二：宋代照觉禅师偈："一瓯茶自展家风，远近高低一径通。未荐清香往来者，谁谙居止院西东。"赵州茶公案之所以能打开僧俗两界许多参禅者的心扉，关键是"远近高低一径通"，通在哪里？通在佛性！当你从"居院西"还是"居院东"这样生活琐事的纠结中解脱出来，破除"差别心"，放下"执着心"，怀着一颗"平常心"生活时，你便领悟了"吃茶去"。

解三：当代赵朴初偈："七碗受至味，一壶得真趣。空持百千偈，不如吃茶去！"要悟道不是学佛而是要修佛。死记硬背佛经佛典，纵然能妙笔生花，但是终不如"吃茶去"。从日常生活琐事中去切身体验佛法，才是契悟大道的法门。

 067 为何说"猿抱子归青嶂岭，鸟衔花落碧岩泉"是茶禅一味的思想基础之一？

答：唐咸通十一年（公元870年）高僧善会来到湖南石门县夹山，创立夹山灵泉禅院，他通过品茶悟出的"猿抱子归千嶂岭，鸟衔花落碧岩泉"。这句诗是唐代佛门中最富代表性的禅宗境界之一，被称为"夹山境界"。因为猿猴抱着幼子回归深山老林，鸟儿衔着花在泉边飞舞，动物自由自在地在大自然中生活是生灵本性的坦现。这句话寥寥数语，寓天地之玄机，蕴生灵之至性，体万象之本真，在诗情画意中透出禅与茶道的终极追求都是率性任真，得大自在。后来宋代高僧圆悟克勤禅师住持于夹山寺，他深刻领悟这句话的含义并挥毫写下了"茶禅一味"。因此，善会法师的"夹山境界"是"茶禅一味"的思想基础之一。

 068 为何扣冰和尚的"横行数步又何妨"也是"茶禅一味"的思想基础之一？

答：唐代福建雪峰山雪峰寺有一位高僧被人们尊称为"雪峰古佛"，每日自天南海北来向"雪峰古佛"求法者众多，但他对来者都是大喝一声"进则死，退则亡！"众皆呆立原地不敢动，唯扣冰应道"横行数步又何妨！"雪峰赞曰"此子必为王者之师。"因为他揭示了人生道路是迂回曲折的真谛。后来，扣冰和尚果然成为闽王王审之的国师。闽王向扣冰和尚请教治国安邦之策。扣冰曰："以茶清心，心清则国土清；以禅安心，心安则众生安。国土清，众生安，国家必兴。"

 禅宗宗门第一书《碧岩录》的作者是谁？主要内容是什么？

答：《碧岩录》的全称为《佛果圆悟禅师碧岩录》，是宋代高僧圆悟克勤禅师1111年至1118年住持于夹山寺时所著，以雪窦禅师所著《百则颂古》中的一百例公案为基础，每则公案都有"垂示""本则""颂古""着语""评唱"五个部分的文字构成。该书发展了善会和尚的茶禅说，"平常心是道""日日是好日""去随芳草，归逐落花""至道无难，唯嫌拣择"等禅语皆出自此书。《碧岩录》的意义还在于为禅修指明了门径。例如卷一的垂示云："隔山见烟，早知是火。隔墙见角，便知是牛。举一明三，目机铢两,是衲僧家寻常茶。""举一明三"，我们修习茶道时应当随时牢记。

 "茶禅一味"有何意义？

答："茶禅一味"是茶对禅的"解放"，其真谛在于把禅修生活化，使之成为僧俗两界可以共修的法门。在"茶禅一味"修习中意味着"事事无碍，如意自在"；意味着"了却平常心是道，饥来吃饭困来眠"；意味着一切随缘任运，率性任真，不执拗，不妄求，忘我地从茶水中品悟"青青翠竹，尽皆法身；郁郁黄花，无非般若"。

 圆悟克勤禅师是如何悟道的？

答：圆悟克勤禅师在五祖法演禅师门下修禅时，听到禅师开示一位被解职的官员时间："少年时曾读艳诗否？有两句颇相近：频呼小玉原无事，只要檀郎认得声。"克勤闻言大悟并作偈云："金鸭香消锦绣帏，笙歌丛里醉扶归。少年一段风流事，只许佳人独自知。"此偈表明他对色界的一切都经历过，如今已看透了，但是悟道的境界"只许佳人独自知"。"佳人"即自己的心，点明了悟道的境界是无法用语言和文字对别人表述的。

中国茶道300问

茶之史

人与自然界的万物都是阴阳两气相和而生的，人与自然本为一体，故应亲和自然。

元代中国茶道有何发展？

答：主要有两方面：一方面是蒙古族统治者以茶为生活的基本需求，他们以简约粗犷的饮茶方式摒弃了宋代奢华琐细的茶风，开创了返璞归真，简便实用的新茶俗。另一方面是汉族士子怀着亡国之恨与茶相伴，归隐林泉，形成了取法自然、以茶解忧的茶事活动新流派。

元代汉族士子中有谁是茶道高手？

答：宋朝之后我国的茶道高手仍然不少，一些有骨气的文人不甘元朝统治，或隐居林泉以茶解忧，或忍辱于市以茶释怨。如金华学子叶颙，他不求仕进，隐居芙蓉峰顶，写有《石鼎茶声》："青山茅屋白云中，汲水煎茶火正红。十载不闻尘世事，饱听石鼎煮松风。"再如隐居吴中的谢应芳也是一位"穷则独善其身"的清高文人。他诗曰："白鹤溪清水见沙，溪头茅屋野人家。柴门净扫迎来客，薄酒留迟当啜茶。林响西风桐陨叶，雨晴南亩稻吹花。北窗几杆青青竹，题遍新诗日未斜。"这首茶诗道、心、文、趣兼备，美得令人心醉！

 元代茶道有何特点？

答：因为身处乱世，汉族士子们深感世事无常，所以热衷于借茶"寄情于山水，忘情于山水"，追求融于自然，冥合万物。最有代表性的是铁笛道人杨维桢，他在《煮茶梦记》中借缥缈美妙的梦，表达了庄子"含道独往，弃智遗身"的追求，这种追求正是元代茶道的特点。《煮茶梦记》全文如下：

铁龙道人卧石床，移二更，月微明及纸帐，梅影亦及半窗，鹤孤立不鸣。命小芸童汲白莲泉，燃槁湘竹，授以凌霄芽为饮供。道人乃游心太虚，雍雍凉凉，若鸿蒙，若皇芒，会天地之未生，适阴阳之若亡，恍兮不知入梦。

遂坐清真银辉之堂，堂上香云帘拂地，中著紫桂榻，绿橘几，看太初《易》一集，集内悉星斗示，焕煜文仑燨熠，金流玉错，莫别爻画，若烟云日月，交丽乎中天。欸玉露凉，月冷如冰，入齿者易刻。因作《太虚吟》，吟曰："道无形兮兆无声，妙无心兮一以贞，百象斯融兮太虚以清。"歌已，光飙起林末，激华氛，郁郁霏霏，绚烂淫艳。乃有扈绿衣，若仙子者，从容来谒。云："名淡香，小字绿花。"乃捧太元杯，酌太清神明之醴以寿予。侑以词曰："心不行，神不行，无而为，万化清。"寿毕，纾徐而退，复令小玉环侍笔牍，遂书歌遗之曰："道可受兮不可传，天无形兮四时以言，妙乎天兮天天之先，天天之先复何仙。"

移间，白云微消，绿衣化烟，月反明予内间，予亦悟矣。遂冥神合元，月光尚隐隐于梅花间。小芸呼曰："凌霄芽熟矣！"

在《煮茶梦记》中，作者以优美的文字描绘出一个茶人缥缈而美妙

的梦：在二更时分，月吻梅花，风摇竹影，铁龙道人独卧石床并命童仆小芸汲来白莲泉之水，点燃湘竹枯枝，烹煮清香的凌霄茶。在烹茶过程中，他的心伴随着茗烟而神游于缥缈无际的太空，不知不觉入梦，恍然进入月宫读《易经》，眼观变化莫测的爻画创作空灵的《太虚吟》，接受绿衣仙子的美酒，酒后又写了一首歌。歌罢收合神思，方知是梦。梦醒后白云消散，仙女化烟，只有明月依旧照在梅花间。这时小芸大声地叫："凌霄芽茶熟了！"全文表现出茶人拓落出尘，以明月为伴，与仙子为友，在太空中无拘无束地漫游的精神追求。这种人、茶、境、思浑然一气，在品茶过程中，空灵虚静，心驰宏宇，神冥自然的境界，正是老庄道学所追求的"含道独往，弃智遗身"的境界，即嵇康在《赠兄秀才入军诗》所表达的："琴诗自乐，远游可珍。含道独往，弃智遗身。寂乎无累，何求于人。"这也正是中国茶道所追求的最高境界。

茶道 075 元代统治者喜爱茶道吗？

答：从元世祖忽必烈、元成宗铁穆耳到元朝历代王公大臣，统治者中不乏茶道高手。例如，元初宰相耶律楚材在喝不到武夷茶时写道"积年不啜建溪茶，心窍黄尘塞五车。"喝到茶后则"精神爽逸无余事，卧看残阳补断霞。"再如，逝世后被元世祖封为赵国公，元成宗追赠太师，元世宗追封为常山王的元代名臣刘秉忠的"舌根未得天真味，鼻管先通圣妙香"等句，都是领悟了茶道精神的传世妙句。

 在明代，中国茶道有何发展？

答：明代是中国茶道因袭与创新相融合的新时期，也是传统茶学发展的新高峰。同时，也是现代茶学开始萌芽的新时期。具体表现为制茶工艺大变革促进了茶艺大发展；茶书著论空前繁荣；对品茗的环境和鉴水都更加讲究。

明代的茶艺有什么重大发展？

答：明太祖朱元璋的第十七子宁王朱权（1378—1448）曾撰写《茶谱》。《茶谱》对中国茶艺的发展主要表现在三个方面。

第一，朱权率先扬弃了唐代加盐的煎茶法和宋代烦琐的点茶法，"崇新改易，自成一家"，创"瀹饮法"，即直接冲茶清饮，开千古茗饮之新宗。

第二，倡导"探虚玄而参造化，清心神而出尘表"超然物外的品茗意境。《茶谱》中强调品茗的"人境"应当是"不伍于世流，不污于时俗"，能"志绝尘境，栖神物外"的高雅之士。品茗的"环境"应当是"或会于泉石之间，或处于松竹之下，或对皓月清风，或坐明窗净户。"品茗的"心境"应当是"去绝尘境，栖神物外""与天语以扩心志之大"。品茗的"艺境"应当是用"味清甘而香，能爽神之茶"配"清白可爱之器"，"燃有焰之活火，煎无妄沸之汤"。总之，朱权强调茶艺要求真、求美、求自然。

第三，朱权还简化并改进了茶具，创编了形式感庄重典雅的程序化茶艺，开中国现代茶艺之先河。

明代朱权茶艺有何特点？

答：朱权创编的茶艺闲适、怡真、自然，在品茗时追求境之清幽、泉之清泠、茶之清淡、心之清闲、器之清洁、侣之清高。这"六清"使人与自然融为一体，在和谐虚静淡泊中去体悟"茶味人生"。他的茶艺还强调茶人应当"去绝尘境，栖神物外""不伍于世流，不污于时俗"。

明代茶人对品茗意境有何要求？

答：最有代表性的是许次纾在《茶疏》中提出十四宜：心手闲适，披咏疲倦。鼓琴看画，夜深共语。明窗净几，洞房楼阁。轻阴微雨，小桥画舫。茂林修竹，课花责鸟。荷亭避暑，小院焚香。酒阑人散，儿辈斋馆。清幽寺观，名泉怪石。

明代茶人始创的"三投法"具体内容如何？

答：张源在《茶录》中根据季节变化提出："投茶有序，毋失其宜。先茶后汤，曰下投。汤半下茶，复以汤满，曰中投。先汤后茶，曰上投。春秋中投，夏上投，冬下投。"不过，如今已不是根据季节决定投茶的方式，而是按茶的老嫩程度和条索松紧程度决定采取用什么方式投茶。

明代茶人对泡茶用水有何论述？

答：张源在《茶录》中提出："茶者，水之神也；水者，茶之体也。非真水莫显其神，非精茶曷窥其体"。张大复在《梅花草堂笔谈》中提出："茶性必发于水，八分之茶，遇十分之水，茶亦十分矣；八分之水试十分之茶，茶只八分耳。"这些论述至今日仍被奉为经典。

茶道 082 　明代茶人对茶香有何论述？

答：程用宾《茶录》中对茶香有精彩归纳："抖擞精神，病魔敛迹，曰真香；清馥逼人，沁入肌髓，曰奇香；不生不熟，闻者不置，曰新香；恬澹自得，无臭可论，曰清香。"张源《茶录》曰："茶有真香，有兰香，有清香，有纯香。表里如一曰纯香；不生不熟曰清香；火候均停曰兰香；雨前神具曰真香"。

茶道 083 　为什么明代茶人方以志认为"茶饮之妙，古不如今"？

答：据万国鼎先生《茶书总目提要》介绍，唐代撰刊茶书7种，南宋、北宋合计25种，元代未见茶学专著，明代55种，清代11种，足见明代茶文化之发达。另外，明代还出了朱权、沈周、许次纾、徐渭、唐伯虎、文徵明、汤显祖、陈继儒等文采风流的茶人，形成了清丽脱俗的茶风。明代是茶艺创新成果辉煌的时代，所以方以志说："茶饮之妙，古不如今。"我们当代的茶人也可自豪地说："茶饮之妙，古不如今！"

 明代有何描写品茗意境的经典茶诗？

答：明代的经典茶诗很多，例如文徵明的《茶道》："醉思雪乳不能眠，活火砂瓯夜自煎。莫道年来尘满腹，小窗寒梦已醒然。"又如董纪的《雪煮茶》："梅雪轩中雪煮茶，倚兰和雪看梅花。新年第一逢清赏，当作人间胜事夸。"再如朱朴的《为养泉上人题》："洗钵修斋煮茗芽，道心涵泳静尘沙。闲来礼佛无余供，汲取瓷瓶浸野花。"文徵明以茶澡雪心灵，内省自性；董纪以茶沟通自然，潇洒人生；朱朴以茶修身养性，礼佛求法。这些都是中国茶道崇尚的经典意境。

 在清代茶道有哪些发展？

答：清代是我国古典茶学的终结期，也是现代茶学的奠基期。表现为六大茶类的加工工艺日臻成熟；茶叶机械化加工逐步兴起；现代茶学教育开始萌芽；文人墨客对茶道的理解日趋多元化；康熙、乾隆把陆羽"伊公羹，陆氏茶"中"以茶治国"的思想发挥到淋漓尽致。

 清代茶产业大发展表现在哪些方面？

答：其一，茶叶超过丝绸和瓷器，成为外贸出口的最大宗商品，1886年出口量达13.41万吨。其二，1907年在南京创办我国第一家茶科研与生产相结合的江南植茶公所；1909年创办湖北羊楼洞茶业示范场和讲习所，1910年创办江西宁州茶叶改良公司。我国现代茶产业开始萌芽。

 清代思想家如何理解茶道？

答：最具代表性的是王夫之，世称王船山。王夫之被后人誉为"与黑格尔并称的东西方哲学双子星座"，是清代最著名的思想家，他集朴素唯物主义思想之大成，是湖湘文化的精神源头，他对茶道的理解是"道法自然"。其诗云："江边寒梅自着花，江山女儿自斗茶。浪向花前热片脑，浪疑茶里点芝麻。"

清代社会改革家如何理解茶道？

答：最具代表性的是戊戌变法的倡导者康有为，戊戌变法的理论基础是他所著的《大同书》，书中提出大同社会将是人人相亲，人人平等的人间乐园。康有为对茶道的理解是包容、分享。诗曰："人世何须问浊清，名山且共听泉声。茶香水熟群相属，润我枯肠诗思生。"

清代反清知识分子如何理解茶道？

答：以连横为例，他既不甘受清政府统治又不满日本统治，著《台湾通史》向同胞昭示"台湾原本是中国的一部分，台湾人永远是堂堂的中国人"。连横的茶诗："山水之间见灵性，平生爱好是茶经。众中陆羽今安在？把臂同来辨渭泾。"他倡导明辨是非，泾渭分明的茶道精神。

 清代的权贵是如何理解茶道的？

答：清代权贵和历代权贵一样基本上都是以茶娱己。如康熙宠臣高士奇的《武夷茶》："九曲溪山绕翠烟，斗茶天气倍喧妍。擎来各样银瓶水，香奇玫瑰晓露鲜。"又如曾任驻英、法、比利时公使刘瑞芬的《睡起》："茶鼎声清午梦回，小轩临水昼慵开。野风吹起新荷影，湖上碧云和雨来。"再如纳兰性德的《江南杂诗》："九龙一带晚连霞，十里湖堤半酒家。何处清凉堪沁骨，惠山泉试虎丘茶。"

 康熙是如何以茶治国的？

答：他以泉论道阐发治国方略。如他的《中冷泉》："静饮中冷水，清寒味日新。顿令超象外，爽豁有天真"讲的是治国者应超然万象之外去认识事物的真性。再如《试中冷泉》中"缓酌中冷水，曾传第一泉。如能作霖雨，沾洒遍山川"讲的是仁政当如水，化作甘霖去润泽天下苍生。

乾隆如何以茶治国？

答：乾隆登基时面临的最大难题是朝野上下都在议论他的祖父和父亲。众人认为康熙晚年治国失之过宽，致使贪腐泛滥。雍正整顿吏治大开杀戒，搞得群臣人人自危，失之过严。封建时代最讲孝道。乾隆治国既不能否定父亲，又不能否定爷爷。怎么办？乾隆在料理妥父亲驾崩的后事之后，到中宰张庭玉府中亲自为大臣们泡茶，名为"君臣联谊"，实际是借茶发布他的治国方略。乾隆边泡茶边说："治国如泡茶，要行中庸之道，宽则济之以猛，猛则济之以宽。"他在外交方面也强调要像泡茶一样把握好"文火"（小火、慢火）和"武火"（大火、旺火）的尺度，在《竹炉山房品茶》一诗中乾隆写道："春泉近汲山房，小试炉妥瓯香。火候犹须文武，邦权宁外弛张。"

乾隆是如何以茶倡廉的？

答：从乾隆八年起，每年都在重华宫举办茶宴，用他自创的"三清茶"示恩惠，倡清廉。三清茶是以雪水冲泡梅花干、松子仁、佛手柑片和绿茶。寓意政治要清明，做人要清白，为官要清廉。品茗杯上铭刻着乾隆的《三清茶》诗，宴毕让群臣带回珍存，起警示作用。乾隆在位六十年，三清茶茶宴举办过四十三次，他用这种寓意深刻而又富有情趣和人情味的方式不时地提醒群臣要廉洁自律。

乾隆的《三清茶》诗：（节选）

梅花色不妖，佛手香且洁。松实味芳腴，三味殊清绝。

烹以折脚铛，沃之承筐雪。火候辨鱼蟹，鼎烟迭生灭。

越瓯泼仙乳，毡庐适禅悦。五蕴净大半，可悟不可说。

乾隆对茶道作何理解？

答：第一，他强调品茗重在"静浣尘根，闲寻绮思"，只有通过澡雪心性达到体道悟道，才称得上"占得壶中趣"。第二，他认为修习茶道是为了治国，要"一茶兼写心如水，勤政乘时共勖诚"。第三，茶道的核心是中庸，施政要"武文火候酌斟间，手把茗盏论宽严"。

茶道 乾隆如何以茶养生？

答：乾隆以茶养生的妙法有三。

第一，"品茶事自属高闲，小坐偷闲试茗杯。"他善于在日理万机中做到文武之道，一张一弛。第二，深谙静以养心之道，乐在"静明园""静宜园""洗心亭"等处静心品茗，做到身心双养。第三，他善于创新，使品茗更具有诗情画意。例如他喜欢集荷露煮茶，诗曰"瓶罍收取供煮茗，山庄韵事真无过"。正因为善于以品茗娱悦身心，修身养性。所以乾隆皇帝在位60年，禅让退位后又当了三年零四个月的太上皇，享年89岁，成为中国历史上最长寿的皇帝。

茶道 现代中国茶道是如何发展的？

答：从1914年开始，"民国"政府公派朱文精、吴觉农，胡浩川、王泽农、张天福等到美国、英国、日本、锡兰、印度等国学习考察，他们回国后用学到的科学文化知识梳理中国茶文化，把历史悠久但缺乏系统理论，全凭个人感悟的古典茶道逐步向现代茶道发展。不过，在1949年新中国成立以后直至1976年"四人帮"被打倒之前，我国在极左思想的统治下，茶道被视为封资修的生活方式而受到批判压制，发展中断，直到改革开放之后"国运兴，茶道兴"，茶道才如凤凰涅槃，得到重生，并展翅翱翔，飞上历史不曾有过的高度。

 为什么说时代呼唤着茶道复兴？

答：因为中国茶道倡导的"精行俭德"精神及"和静怡真"四谛是中华民族的传统美德，在实现中国梦的过程中，复兴茶道可使中华各民族人民更加团结，社会更加和谐，家庭更加和睦，有利于更快地把我国建设成为文明、民主、繁荣、昌盛的国家。

另外，因为随着市场经济的发展竞争日益激烈，工作和生活的节奏加快，人在心理上、生理上都高度紧张，精神易产生焦虑、烦躁、不安、抑郁等症状。人们在内心深处渴望回归自然，而修习茶道是现代人润泽枯燥、平凡、紧张、单调的生活，放松精神，愉悦身心的最佳方法。

 中国茶道对重构中华民族的道德有什么作用？

答：中华民族传统道德的原有基石是"三纲五常"，这其中有精华，也有糟粕，我们应当取其精华，去其糟粕，有扬弃，有继承。我们弘扬中国茶道时倡导用"新三纲五常"作为重构中华民族道德的基石。"新三纲"是以"和"为纲，以"爱"为纲，以"美"为纲；"五常"是常常觉得今是而昨非，常常怀着感恩之心处世，常常以茶广结善缘，常常用童心拥抱生活，常常仰望星空，叩问心灵。从而认知宇宙的浩瀚和人生的渺小，好好珍惜自己的一生，做个无愧于内心的人。

中国茶道与儒家的关系如何？

答：儒学是茶道的理论支柱之一，儒士是宣传和实践茶道的主体。修习茶道既是儒者修身养性，格物致知的法门，又是他们诗意的生活方式。儒家对茶道的影响主要表现在中庸之道的哲学思想，精行俭德的人文追求，积极入世的生活态度和仁心爱物的高尚情怀。

 儒学的哪些经典著作是中国茶道的思想源泉？

答：儒学是中华民族的主体文化，其核心思想主要由"四书""五经"组成。"四书"即《大学》《论语》《中庸》《孟子》；"五经"是指《诗经》《尚书》《礼记》《易经》和《春秋》。另外唐诗、宋词、元曲、民歌、小说、楹联等文学艺术也都为茶道注入了鲜活的元素，使中国茶道道心文趣兼备，能令人"衣带渐宽终不悔"。

中国茶道的人文追求是什么？

答：中国茶道的人文追求是"精行俭德"。茶圣陆羽在《茶经·一之源》中提出"茶之为用，味至寒，哦饮最宜精行俭德之人"。"精行"，指行为专诚。"俭德"，指道德高尚，谦卑不放纵自己。联系《茶经》全文和陆羽平生事迹，中国茶道的人文追求是指做一个行为专诚而高尚，善于约束自己的人。

"精行俭德"的思想源泉是什么？

答："精行俭德"的思想源泉是《论语》。学生问孔子：人的行为准则是什么？孔子答曰："言忠信，行笃敬。"这便是精行俭德的思想基础。孔子赞赏学生颜回说："贤哉回也，一箪食，一瓢饮，在陋巷，人不堪其忧，回不改其乐。"能在极清贫的生活中安贫乐道，保持高尚的品格，不堕青云之志，颜回是精行俭德的典范。

中国茶道积极入世的思想源泉是什么？

答：这源于儒家经典《大学》。《大学》强调"致知在格物，格物而后知止，知止而后意诚，意诚而后心正，心正而后身修，身修而后家齐，家齐而后国治，国治而后天下平。"全书阐明了儒学宗旨是积极入世，格物致知，修身养性齐家治国平天下。陆羽在《茶经》中意味深长地把"陆氏茶"与"伊公羹"相提并论正是强调他倡导积极入世的情怀。

儒家积极入世的精神在《茶经》中还有何表现？

答：《茶经·四之器》中，惜墨如金的陆羽不惜用244个字描写他设计的风炉，强调风炉一足铸有"盛唐灭胡明年造"。即风炉造于唐朝官军消灭了安禄山叛军之后的第二年。这表明身为布衣寒士的陆羽位卑未敢忘忧国，他时刻关心着国家的兴亡，关心着民众的疾苦。

105 陆羽为什么在他设计的风炉窗口上铸"伊公羹""陆氏茶"六个字？

答：伊公是伊尹的尊称。伊尹（公元前1649—前1549），姓伊名挚，小名阿衡。"尹"不是名字，而是他后来的官位"右宰相"。阿衡是弃婴出身，被一奴隶厨师收养，后来也成为名厨，是中原菜系的创始人。阿衡聪颖好学，虽地位卑微，却乐于尧舜之道，他以烹调之理喻治国之道，提出"以鼎调羹""调和五味"，辅佐商汤灭了夏朝，为建立商朝立下了汗马功劳。他任宰相后整顿吏治，体察民情，制定各种法规制度，使商朝国力迅速强盛，最终成为我国历史上的第一位名相。伊尹任宰相五十余年，辅佐了五朝天子，终年一百岁，逝世后沃丁（当朝皇帝）以天子之礼葬之。陆羽把"陆氏茶"和"伊公羹"相提并论，表明他撰写《茶经》的根本目的是以茶道的精神移风易俗，治理国家。

 茶道仁民爱物情怀的思想源于何典？

答：源于《中庸·哀公问政》春秋时期鲁哀公向孔子请教施政方略，孔子说："故为政在人，取人以身，修身以道，修道以仁，仁者人也，亲亲为大。"即治国的关键在人才，选人重在看修养，修养看道德，道德以仁为核心。仁，应当从关爱身边亲人做起。后来孟子在《尽心章句上》发展为"亲亲而仁民，仁民而爱物"。

 仁民爱物的高尚情怀在《茶经》中有何表现？

答：陆羽特地在《茶经》中收录了两个故事，其一是晋元帝时有一老妪每日在集市卖茶，所得银钱尽数布施给路旁孤贫之人。另一则为《异苑》载：剡县有一妇人带二子守寡，性好饮茶，其宅中有古墓，她在饮茶前必先祭祀之，后终得善报。

为什么说中国茶道倡导的"仁民爱物"融汇了儒释道三教的思想精华？

答：孟子发展了孔子"仁者人也，亲亲为大"的思想，提出"亲亲而仁民，仁民而爱物"，这和佛教"无缘大慈，同体大悲"，道教"盖天地万物本吾一体"是相通的。即仁者不仅要爱亲人，还要博爱大众，进而还要推广到爱大自然的万灵万物。

"仁民而爱物"在茶人中有何经典表现？

答：苏轼是古往今来最杰出的茶人，"仁民而爱物"的情怀从他的《海棠》诗中可见一斑："东风渺渺泛崇光，香雾空蒙月转廊。点恐夜深花睡去，故烧高烛照红妆。"在诗中，苏轼生怕夜深人静花寂寞，故点上蜡烛陪伴海棠花，可见他爱物至极，体贴入微。

儒者对茶道的体悟大体可分为几类?

答:儒者饮茶有的重"以茶可雅志,以茶可行道",有的重"天赋识灵草,自然钟野姿",有的崇尚"啜苦可励志,咽甘思报国";有的陶醉于"茶烟一榻拥书眠"或"与君更把长生碗,聊为清歌驻白云"。他们对茶的体悟大体可分为忧患人生、闲适人生、隐逸人生、风流人生、自在人生等五类。

茶道中"忧患人生"有何表现?

答:表现为在茶事活动中时常不忘"先天下之忧而忧,后天下之乐而乐",在品茶时时常挂念着百姓疾苦和国家兴亡。其代表性人物有陆羽、卢仝、袁高、文天祥等。例如卢仝在《走笔谢孟谏议寄新茶》诗的结尾发问:"安得知百万亿苍生命,堕在巅崖受辛苦。便为谏议问苍生,到头还得苏息否?"这是"忧患人生"的典型表现。又如袁高在《茶山诗》中感叹道:"一夫旦当役,尽室皆同臻。扪葛上欹壁,蓬头入荒榛。终朝不盈掬,手足皆鳞皴。悲嗟遍空山,草木为不春……"袁高曾在唐德宗初年任湖州刺史。湖州是唐代贡茶的主产区,他敢切中贡茶之时弊而写《茶山诗》,把茶农血汗淋漓,攀绝壁,入荒榛的艰辛劳动实况直陈皇帝,并指出贡茶"动生千金费,日使万姓贫"。最后发出百姓们在"茫茫沧海间,丹愤何由申?"的感叹,其胆识更加令人敬佩。

茶道 ¹¹² 文天祥在忧患人生方面有何事例？

答：民族英雄文天祥一生坎坷，但矢志抗金，宁死不屈，为后人留下了"人生自古谁无死，留取丹心照汗青"的名言，还留下了一首品茗抒怀之作："扬子江心第一泉，南金来此铸文渊。男儿斩却楼兰首，闲评茶经拜羽仙。"诗中反映了他品茗同时不忘抗金的忧国情怀。

茶道 ¹¹³ 中国茶道中儒士的"闲适人生"有何特点？

答："闲适人生"是暂时淡忘对人生终极目标的追求，而注重享受生命的过程；是从苦涩生活中品出生机之甘；从烦劳中偷得浮生半日闲，取得心灵的恬静；从枯燥的人生中，创造出隽永的情调，使生活富有诗意。总之，以茶来"闲适人生"的儒士都能苦中寻乐，苦中作乐，苦中能乐。

茶道 114　为什么说白居易是"闲适人生"的代表？

答：因为他"鼻香茶熟后，腰暖日阳中。伴老琴长在，迎春酒不空"。白居易最懂得把茶、诗、琴、酒与休闲相结合。他把茶视为"穷通行止常相伴"的挚友，平日里"或吟诗一章，或饮茶一瓯。身心无一系，浩浩如虚舟"，过得无比自在、洒脱、闲适。

茶道 115　儒士如何借茶享受闲适人生？

答：如"午眠新觉书无味，闲倚栏杆吃苦茶"或"茶烟一榻拥书眠"。又如"云带钟声采茶去，月移塔影啜茗来"如"一杯香茗堂前献，半局残棋劫后谈"。再如"矮纸斜行闲作草，晴窗细乳戏分茶"及"归去山中闲无事，瓯瓶春水自煎茶"。这些都是借茶娱己，使自己的生活超脱恬淡，怡然自得，妙不可言。

儒士为何喜爱借茶隐逸人生?

答：儒家倡导"达则兼济天下，穷则独善其身"。多数儒者选择隐逸生活既是出于无奈，又是自我标榜。隐逸生活讲究"野""幽""清""高"，而茶是生长于深山幽谷的珍木灵芽，野与幽正是茶的天赋禀性，加上茶香清雅、茶韵高洁，所以隐士都把茶视为知己，喜欢借茶抒发自己的超脱红尘的清高情怀。

儒士的隐逸生活有几种类型?

答：虽然儒士都崇尚隐逸，但是他们所说的隐逸具有不同的含义。白居易在《中隐》中说"大隐住朝市，中隐入丘樊，小隐留司关。"而隐逸的方式又可分为渔隐、舟隐、樵隐、钓隐、瓜隐、茶隐等。无论哪类隐士，都喜欢用品茗表现其野姿幽态和清高情怀。

茶道 谁是茶隐中尚"野"的典型？

答：历代都有茶隐，例如唐代陆龟蒙曾任苏湖两郡从事，归隐后在顾诸山置茶园并常载茶灶钓具书籍泛舟太湖，直入空明。他的《茶人》诗曰："天赋识灵草，自然钟野姿。"《谢山泉》诗曰："清清春泉出洞霞，石坛封寄野人家。草堂尽日留僧坐，自向前溪摘茗芽。"从诗文可见陆龟蒙是典型的隐于茶的野老。

茶道 谁是嗜茶尚幽的茶隐？

答：五代时的郑遨举进士不第而隐，自号云叟，因其洒脱不羁，晋高祖赐号"逍遥先生"。他在《茶诗》中抒怀曰："嫩芽香且灵，吾谓草中英。夜臼和烟捣，寒炉对雪烹。唯忧碧粉散，常见绿花生。最是堪珍重，能令睡思清。"读其诗时，深感幽趣奇绝，幽境凄清，幽然动人。

 在体现茶隐之幽野方面，还有哪些名人曾留有妙文？

答：妙文有很多。如崔道融在唐亡后避隐，其诗曰："瑟瑟香尘瑟瑟泉，惊风骤雨起炉烟。一瓯解却山中醉，便觉身轻欲上天"。再如明代陆容《送茶僧》："江南风致说僧家，石上清泉竹里茶。法藏名僧知更好，香烟茶晕满袈裟。"幽野妙绝的环境加上幽清肃穆的意境，透露出作者超然出尘的情怀和志趣。

 谁是注重茶香清韵高的隐士？

答：宋代隐居西湖孤山的林逋诗曰："石碾轻飞瑟瑟尘，乳香烹出建溪春。世间绝品人难识，闲对茶经忆古人。"其诗气韵高洁，香蔼行云。明代扬州八怪之首汪士慎诗曰："清爱梅花苦爱茶，好逢花候贮灵芽"和"饮时得意写梅花，茶香墨香清可夸"等佳句。"日日啜茶写梅花"道出其诗清香染纸墨，清雅出凡尘。

儒士如何以茶"风流人生"？

答：常言道"自古名士皆风流。"儒士们一方面宣称"茶为饮，最宜精行俭德之人。"主张"以茶可行道，以茶可雅志"，另一方面也乐于以茶"风流人生"。例如，以茶为媒聚朋结友，或吟诗作画、抚琴歌舞、赏月观花、玩石弈棋，或让红颜知己素手汲泉、红装扫雪、荷叶集露，享尽人间风流。

唐代以茶"风流人生"有何典型人物？

答：白居易《茶山境会》就是唐代茶人以茶风流人生的典型写照。诗曰："遥闻境会茶山夜，珠翠歌钟俱绕身。盘下中分两州界，灯前合作一家春。青娥递舞应争妙，紫笋齐尝各斗新。自叹花时北窗下，蒲黄酒对病眠人。"这是唐代茶区官员们在采茶季节举办的联欢会的写实，其时歌钟绕身，青娥献舞，风流浪漫到极致。

宋代以茶"风流人生"有何典型？

答：宋代茶宴多是茶酒兼备，歌女相陪。黄庭坚的词中称茶是"一种风流气味，如甘露，不染尘凡"。品茶应当用"冰瓷莹玉，金缕鹧鸪斑"的器皿，并且有美女兰堂醮饮"舞燕歌珠成断续"，然后用纤纤玉手捧杯笑奉，这样才能"醉乡路，成佳境。恰如灯下，故人万里，归来对影。口不能言，心下快活自省。"

古往今来无人能及的大才子苏东坡不仅是文章魁首，也是风流领袖，他在《行香子·茶词》中绘声绘色地为我们再现了宋代才子以茶风流人生的情景："绮席才终，欢意犹浓。酒阑时，高兴无穷。共夸君赐，初拆臣封。看分香饼，黄金缕，密云龙。斗赢一水，功敌千钟。觉凉生，两腋清风。暂留红袖，少却纱笼。放笙歌散，庭馆静，略从容。"这是宋代文人墨客以茶"风流人生"的最高境界。

元代儒士以茶"风流人生"有何典型表现？

答：元代有骨气的汉族儒生多避居乡间，以琴棋书画茶酒自娱，照样风流潇洒。如谢应芳《分韵得茶》"白鹤溪清水见沙，溪头茅屋野人家。柴门净扫迎来客，薄酒迟留当啜茶。林响西风桐陨叶，雨晴南亩稻吹花。北窗几杆青青竹，题遍新诗日未斜。"谢应芳（1295—1392）是元末明初学者，自幼专研理学，生逢乱世，世衰道殇，他从元朝初年起即隐居于江苏武进白鹤溪，授徒讲学，崇正辟邪，导人为善，品行高洁，为学者所宗。他在乱世中以茶"风流人生"，不染红尘，享年97岁。

明代儒士借茶"风流人生"有何特点？

答：他们把茶融入了诗意生活的方方面面，并且把以茶愉悦身心视为一门高深的学问。例如罗廪在《茶解》的总论中开篇明义即指出"茶通仙灵，久服能令升举，然蕴有妙理，非深知笃好不能得其当。"又如许次纾在《茶疏》中提出品茶宜"心手闲适，披咏疲倦，听歌拍曲，鼓琴看画，夜深共语，洞房阿阁，佳客小姬，轻阴微雨，小桥画舫，课花责鸟，荷亭避暑，小院焚香"。不宜用"恶水、氅器、铜匙、铜铫、木桶、柴薪、麸炭、粗童、恶婢、不洁巾帕、各色果实香药"。不宜近"阴室、厨房、市喧、小儿啼、野性人、童奴相哄"。再如张源在《茶录》中对采茶、造茶、辨茶、藏茶、火候、汤辨、泡法、投茶、饮茶及对水的老嫩，茶的香、色、味的鉴赏都有详细的论述。总之，精细儒雅是明代文士借茶"风流人生"的特点。

 清代儒士以茶风流人生有何代表作？

答：清代儒士的代表作不胜枚举。如咸丰年间杭州知府薛时雨的《一剪梅》："何处思量不可怜。清影娟娟，瘦影翩翩。一瓯香茗一炉烟，淡到无言，浓到无言。 万斛闲愁载上船。灯暗离筵，筝咽离弦。酒阑人散奈何天，话又连绵，泪又连绵。"这首茶词情真意切，风流缠绵，实属难得。

 什么是自在人生？

答："自在"是把"道法自然"和"无住生心"融会贯通后对人生的彻悟；是心灵超越躯体"破茧化蝶"后的自由；是"青山不碍白云飞"的超脱；是"天地万物本吾一体"的彻悟；是"满怀皆春风和气，此心即白日青天"的智慧。得"自在人生"，世界便显得"山花开似锦，涧水湛如蓝"，生命便无限精彩，生活便"日日是好日"。

 为什么说苏轼达到了"自在人生？"

答：在为人处世方面，苏轼"超然于物外，无往而不乐"。享受自然，他"通脱自适，触处生春"。起风了，他说"一点浩然气，千里快哉风"；下雨了，他说"殷勤昨夜三更雨，又得浮生一日凉"；花开了他说"且来花里听笙歌"；花谢了，他说"天涯何愁无芳草"。可见苏轼心如钻石，只要有一缕光线射入，便能折射出七彩光芒，照亮美丽人生，使自己得到至美天乐。

 最能反映苏轼达到自在人生的词是哪一首？

答：是《定风波》："莫听穿林打叶声，何妨吟啸且徐行。竹杖芒鞋轻胜马，谁怕？一蓑烟雨任生平。料峭春寒吹酒醒，微冷。山头斜照却相迎。回头向来萧瑟处，归去，也无风雨也无晴。"在词中，他直面人生风雨，最终达到"也无风雨也无晴"的大自在。

最能反映苏轼达到"自在人生"的诗是哪一首？

答：当数他在流放地海南岛写的《汲江煎茶》："活水还须活火烹，自临钓石汲深清。大瓢贮月归春瓮，小杓分江入夜瓶。雪浮已翻煎处脚，松风忽作泻时声。枯肠未易禁三碗，坐听荒城长短更。"全诗生动细腻地描写了苏轼潇洒自在地在江边汲水、烧火、煮茶、斟茶、品茗、听更的情景。当时的海南岛是未曾开发的蛮荒之地，生活异常艰苦，而苏轼那时已65岁，妻妾双亡，贫病交加，被政敌流放到远离京城数千里的荒岛。但是，他却能坦然地面对生活微笑，绘声绘色地写出传颂千古的诗篇，从诗中可见苏轼已达到了"此怀无处不超然"的大自在境界。

 茶道 为何说《汲江煎茶》反映出苏轼达到了"自在人生"的境界？

答：在诗中，深得茶道奥义的苏东坡，用旺火烹煎亲自从清江中打来的活水。炉中彤红的炭火和天上洁白的月光，同时映在澄碧的江水中，交相辉映，显得妙趣无穷，美如仙境。在这仙境里，诗人如同超尘出世的仙翁，时而大瓢贮月，小勺分江，憨态可掬；时而品茗更听，神思难测，意境高远。更有风声，水声与远处荒城的打更声融为一体，使整个画面有声有色，动静结合，妙不可言。东坡从清江汲水，汲来的是大自然的深情与恩惠；东坡烧水煎茶是在冶炼天人合一的精神。在汲、煎、饮中，大自然的美景和节律，荒城的人事长短，都在茶道中融为一气。所以，南宋诗人杨万里对这首诗赞道："一篇之中句句皆奇，一句之中字字皆奇。"虽然仅仅四句诗，但诗中有画，画中有情，情中生趣。东坡所描绘的是月夜汲江煎茶美如仙境之景，所抒发的却是人间之情，是一个茶人闲适自在、热爱自然、渴望达到天人合一、物我玄会的心情。正因为东坡在日常生活中，用"香茶嫩芽清心骨"，所以他才能最终达到"此怀无处不超然"的精神境界。"坐听荒城长短更"说明苏轼已超然物外，红尘白浪，鸡鸣犬吠已与他毫不相干。

中国茶道300问

茶之 **论**

欲令诗语妙，无厌空且静。

静故了群动，空故纳万境。

儒家对中国茶道的发展有哪些贡献？

答：主要在四个方面：第一，儒家积极入世的思想使茶人热衷于以茶修身养性齐家治国平天下。第二，中庸之道使茶人处世既不太过又无不及，努力做到一切恰到好处。第三，儒家尚"清"，注重茶境的清雅，珍惜茶友的清谊，追求人品的清高，讲究冲淡绝尘的清逸，既升华了中国茶道的美学意境，又提升了茶人的气质修养。第四，儒士认为"茶通六艺"，他们热心于引"六艺助茶"，提升了茶艺的观赏价值，丰富了茶道表现形式。

在茶道中儒士尚"清"有哪些表现？

答：儒士们善于以茶感悟宇宙奥妙，洞悉人生哲理，他们讲究冲淡绝尘之清逸，不污时俗之清高和栖身物外之清灵。他们还以茶论道，添儒士之清尚；以诗词字画助茶，添茶事之清新；以茶辅宴，添茶人之清兴；以茶讽世，显才子之清傲；以茶会友，表脱俗之清谊。我国儒释道三教的文化都尚"清"，儒士们尚"清"，其实都是受到了佛家和道家思想的影响。

在茶道中如何理解"六艺"并以"六艺"助茶?

答:中国茶道中所说的"茶通六艺"并非儒家的"六艺",儒学所说的"六艺"原指儒生应当掌握的六种基本才能:礼、乐、射、御、书、数。另一说指"六经",即《诗经》《尚书》《礼经》《周易》《乐经》《春秋》这六部经典。后来儒士在茶事活动中把琴棋书画诗曲甚至奇石古玩鉴赏也泛称为六艺,并借助这些艺术来丰富茶事活动的内容,提升茶事活动的情趣。

 儒士如何以琴助茶?

答:"琴"代表音乐。荀子《乐记》曰"德者,性之端也;乐者,德之华也"。把音乐提升为"德之华",足见修习音乐对培养道德情操的重要性。在茶事活动中,"以琴助茶"主要表现在三个方面。其一,茶人都十分重视用音乐营造艺境,为心接活生命之源,让音乐如看不见的温柔之手,引导茶人之心与茶对话。其二,在茶艺演示时音乐是无形的指挥,指挥着动作的速度、力度和幅度。其三,音乐疗法是茶道养生的重要方法之一,不仅仅能陶冶情操,而且能使人神宁气顺,血脉通畅,心情愉悦,延年益寿,所以深受修习者的喜爱。

 哪些音乐最宜茶？

答：其一，古典名曲幽婉深邃，韵味悠长，注重自娱，有荡气回肠销魂夺魄之美，最能养性。其二，精心录制的"天籁"，如山泉飞瀑、雨打芭蕉、风吹竹林、虫鸣鸟啼、松涛海浪等，最能引导我们心驰宏宇，神交自然。其三，韵律优美的民族音乐和流行歌曲，最易引发心灵共鸣，使茶事活动更有情趣。其四，也可以在根据茶艺主题或表现形式，尝试选用优秀的流行歌曲、地方曲艺或外国乐曲。

 如何以棋助茶？

答："棋"是智慧的代表，古人常以"琴棋书画"判断个人的才华和修养，其中的棋指的是围棋。围棋棋盘象征宇宙时空，棋子概括世界万物，弈棋是用智慧求生存，因此有人形象地比喻精通围棋可看透"黑白世界"。以棋助茶不仅能相得益彰，增添品茗和弈棋的乐趣，而且有助于修身养性。

 儒士如何以书画助茶？

答：文徵明"茶烟一榻拥书眠"；裴悦"静坐将茶试，闲书把叶翻"。文徵明、裴悦都喜好伴茶读书；陆游推崇"矮纸斜行闲作草，晴窗细乳戏分茶"；郑板桥喜好"黄泥小灶茶烹陆，白雨小窗字学颜"；陆游、郑板桥则以品茗联系书法为雅事；唐伯虎、金农等则善于以画助茶。唐伯虎的一幅品茗图被清代宫廷收藏，乾隆无比珍爱，先后题写了十六首《题唐寅品茶图》，其中第六首写道："越瓯吴鼎净无尘，煮茗观图乐趣真。不必无端相较量，较来少愧个中人。"可见无论是品茗读书、习字还是品茗作画、观画，他们皆恬静脱俗，怡然自得，饶有情趣。

 儒士如何以诗助茶？

答：茶与诗结缘很早，很深。诗人们有"酒领诗队，茶醒诗魂"之说。饮茶能使"诗肠濯涤，妙思猛起"，因此诗人们热衷于"妙茶润诗心，一瓯还一吟""茶爽添诗句，天清莹道心"。品茗的环境最适宜吟诗、填词、作赋。如高启的"如今独坐吟诗句，茅屋茶烟冷未消"。当然以诗助茶，古往今来最令人称道的是颜真卿等人的《月夜啜茶联句》。诗曰："泛花邀坐客，代饮引情言。"陆士修的"醒酒宜华席，留僧想独园"。张荐所作："不须攀月桂，何假树庭萱"。御史秋风劲，尚书北斗尊。"崔万的："流华净肌骨，疏瀹涤心原。"

 酒也可以助茶吗？

答：可以。茶与酒都是润泽人类文明生活的饮料，"万丈豪情千杯酒，修身养性一壶茶。"酒出世，它使人忘忧，使人狂放，使人热血沸腾飘然欲仙；茶入世，它助人清醒，助人睿智，助人在恬淡中领悟人生百味。茶、酒都是尤物，它们相得益彰，配合得当才更有益于身心健康。

 佛教与茶道的关系如何？

答：儒、释、道三教的思想精华共同构成了中国茶道理论体系，但是不同信仰的人必然各有侧重。我个人认为儒家思想是中国茶道的"皮肉"，使其"丰姿俊朗"。例如儒士"六艺助茶"，使得中国茶道令人赏心悦目；道家思想是中国茶道的"筋骨"，使其"遒健有力"。例如道家"天人合一""道法自然"的思想构建了中国茶道理论体系坚固的框架；而佛法真如是中国茶道的"灵魂"，使人能明心见性。主要表现在"茶禅一味"——学法悟道的根本；"无住生心"——幸福快乐的源泉；"活在当下"——人生智慧的心灯；"一期一会"——为人处世的法宝。

佛教对中国茶道的影响主要表现在哪几个方面？

答：主要表现在三个方面：其一，佛教为中国茶道融入了"无住生心""活在当下""茶禅一味""一期一会"等哲学思想理念。其二，佛教以"空"为美的美学理念和寺庙的饮茶仪规，如《百丈清规》等，丰富了中国茶道的内涵和表现形式。其三，"戒定慧"的修持法门、浩如烟海的禅门公案、众多鲜活生动、启人心智的禅宗语录，以及僧团的"六和敬"精神等对茶道也都有深刻的影响。

为什么说"茶禅一味"是习茶悟道的根本？

答：因为茶禅一味的思想基础主要表现在苦、静、凡、放等四个方面。佛法以"苦、集、灭、道"四谛为总纲，四谛以苦为首。人生有八苦：生苦、老苦、病苦、死苦、爱别离苦、憎怨会苦、求不得苦、五取蕴苦。这些苦在生活中会衍生出无量诸苦，习禅求的是对苦的解脱，而习茶有助参破苦谛，产生"禅茶一味、甘苦一味，味味一味、醍醐法味"的人生顿悟。

茶之道 145 茶禅一味中"静"做何解?

答:禅宗和茶道都把"静"作为达到心斋坐忘,澄怀味象的必由之路。心静则万法闲,万相和。心静可从内心泯灭外界的一切困扰。佛祖在灵山法会上拈花示众,微笑不语,开创了"不立文字,教外别传,直指心性,见性成佛"的禅宗。禅宗传入中国之后初祖达摩面壁、二祖神光立雪、三祖僧灿隐思空山、四祖道信摄心无寐、五祖弘忍远避嚣尘,都是静虑的典范。

禅者在静默中"以心印心",茶人则强调茶要静品,这样才能静心与茶对话,有助于顿断疑根,豁然悟道。当代的高僧虚云大师便是在静默中以茶悟道的。据记载,在一次打禅七开静时,护七循例冲开水,不小心把开水溅到虚云大师手上。虚云禅师被烫松手,茶杯摔落在地,应声而碎。禅师豁然顿断疑根,如从梦中觉醒。他开悟了,写了二偈:

杯子扑落地,响声明历历,

虚空粉碎也,狂心当下息。

又偈云:

烫着手,打碎杯,家破人亡语难开,

春到花香处处秀,山河大地是如来。

可见禅宗与茶道所说之静,都不是死静,而是活泼的、生动无比的空灵之静。

茶道 146 茶禅一味中"凡"做何解？

答：《景德传灯录》载有僧问慧海禅师："和尚你修道用功吗？"答："用功！"又问："怎样用功？"答："饿了就吃饭，困了就睡觉。"在禅师心中，修道是极平凡的事，一切率性任真，达到自然自在即可。茶人也是认为修习茶道是极平凡的事，"茶道之本不过是烧水点茶。"足见茶禅一理：修行直心是道场，悟道就在吃饭、睡觉、喝茶这样再平凡不过的生活琐事之中。因此禅宗六祖的悟道偈云："佛法在世间，不离世间觉。离世求菩提，恰似觅兔角。"

茶道 147 茶禅一味中"放"做何解？

答：人生在世，一切苦恼皆因放不下，所以佛教修行特别强调"放下"。近代高僧虚云法师说："修行须放下一切方能入道，否则徒劳无益。"所谓"放下"是指把"内六根（眼、耳、鼻、舌、身、意）""外六尘（色、声、香、味、触、法）""中六识（即六根对六识的反映）"这三个方面统称十八界。把十八界都放下，即把功名利禄、恩怨情仇、毁誉得失、悲欢离合、嗔痴疑慢甚至生死统统都放下。压在心灵的包袱都放下了，看世界天蓝海碧，山清水秀，日朗风清，显见得心旷神怡，无所挂碍。至于人世浮沉，鸡鸣狗叫，一切如其本然，于心无碍。

茶道 能否具体说说品茶应放下什么？

答：应放下手头的工作，偷得浮生半日闲，放松一下紧绷的神经；放下生活中的千般思索，万般计较，放飞自己被囚禁的心灵；放下外界社会和自己强加在心头的荣辱得失，爱恨情仇和各种心事，让心融入茶香，让茶澡雪自性，让自己了无挂碍地去品味人生。放下，不是放弃也不是放任，而是为了放下心灵重负，提起正念，提起正见，提出慈悲，提起精进。不提起这些，放下就毫无意义，人生就没有价值。

茶道 如何理解"茶禅一味"的最高境界？

答：南怀瑾先生有诗最妙："云作锦屏雨作花，天饶豪富到僧家。住山自有安心药，问道人无泛海槎。月下听经来虎豹，庵前伴坐侍桑麻。渴时或饮人间水，但汲清江不煮茶。"茶、禅其实都是使心灵超脱苦海的舟槎，一旦彻悟，茶便只是一个概念。像南怀瑾先生那样，能够不拘泥于事物的皮相，做到"但汲清江不煮茶"即理解了"茶禅一味"的最高境界。

 无住生心中的"无住"指的是什么？

答：佛祖如来在《金刚经》的结尾用一首偈揭示了他对世界的看法。偈曰："一切有为法，如梦幻泡影。如露亦如电，应作如是观。"佛祖在偈中指出，要彻悟人的生命乃至山川大地，日月星辰，宇宙间的一切都像泡沫露珠一样脆弱，像幻影一样不真实，甚至像闪电一样一闪即灭。人生短暂，世事无常。生是偶然，死是必然，谁也改变不了这种现实。"无住"是指彻悟了这一点之后达到心无挂碍，无可执着，放下一切。

 无住生心中的"生心"是指什么？

答："生心"是指放下执着妄想，见诸法真相，达到自性清净之后生起的真诚心、平常心、正觉心、随喜心、慈悲心。"无住"是破，是破除一切执着。"生心"是立，是要树立正见，见诸法真相。在破除执着、自性清净之后，生起真诚心、平等心、正觉心、随喜心、慈悲心。对当代茶人而言最重要的是要生慈悲心。慈，是博爱，是给人温暖；悲，是怜悯，是助人脱离苦难。

 无住生心强调生"平等心"有何意义？

答：禅者和茶人都坚信"禅心无凡圣，生命无贵贱"。无论什么花都有自己的美丽，都能展示生命的风采，都能散发灵性的芬芳。无论什么鸟都能自由地飞翔，都能歌唱生命的高贵。无论什么人都内具佛性，强调生"平等心"可以促使人与人之间平等相待，和睦相处。这是中国走向民主法治的需要。

 无住生心为何强调要生"随喜心"？

答："随喜"即随顺他人和自己的善心善行并心生欢喜。这说起来容易，做起来很难。有随喜他人之心即能破除嫉妒，把别人之喜视为自己之喜，这样便能集万千人之喜于一身。佛教认为，随喜他人善行，所获功德与行善者一样，这是广种福田。另外，随喜自己的善心善行，是滋养善心的阳光雨露，可使自己时时与法喜相伴，不断精进，日日开心。

 154 为什么说"活在当下"是智慧的心灯？

答：佛的大智慧告诉我们"人的生命就在呼吸之间"。一口气上不来，人便永别了这个世界。前世不可追，来世不可期，只有珍惜今生今世，活在当下，体验当下才是正道。"一灯能除千年暗，一智能灭万年愚"，彻悟这一佛理便为自己点亮了智慧的心灯，我们的生活便会彻底改观。正如一行禅师的开示："我们知道生命就在当下一刻，并且我们有可能乐住当下，因此我们决心在日常生活中的每一刻，训练自己深入到生活中去。我们将努力不在过去的事情中迷失自己，或被过去的遗憾，被将来的焦虑或目前的渴望、愤怒、嫉妒所挟持。"我们将会用心灵去贴近生活，去体验活在当下多姿多彩的美妙，哪怕是一缕茶的清香，一声鸟的啼唱，一只流萤的微弱光芒。

 155 如何在茶事中体验"活在当下"？

答：一行禅师诗云："手捧茶杯，保持正念。身心安住，此时此刻"。用心品茶，看茶烟袅袅，心好像要随之飞升；看茶芽在水中舒展，像是回到它生命的春天；闻茶香的温馨，像婴儿闻到母亲的气息；品一口热茶，细细体验苦后回甘的美妙。这种感觉真好！在茶事中体验"活在当下"，就是体验布席、备具、烧水、投茶、冲泡、出汤、奉茶、观色、闻香、品茗、回味的每一个细节，从中体验生命的快乐，连每一下呼吸都不错过。

"一期一会"应做何理解？

答：这一概念脱胎于佛教的因缘观。"一期"指人的一生，"一会"是指人与人的每一次相会都是一生中的唯一。因为时间在流逝，人在变，心态在变，环境在变，一切都在变，所以每一次相聚都不可能重演。明白了这一点，我们必然会发自内心地珍惜每一次相会，事前做好充分的准备，相会时互见真心，促使真情得到发展，做到"深交老朋友，广交新朋友"，使自己生活在友情中。因此茶人视"一期一会"为待人处世的法宝。

茶道中常引用哪些禅语？

答：不胜枚举。如：无！吃茶去！直心是道场，平常心是道。月印千江水，春来草自青。日日是好日。青山不碍白云飞，云在青天水在瓶。掬水月在手，弄花香染衣。行到水穷处，坐看云起时。竹密不妨流水过，山高无碍野云飞。春风大雅能容物，秋水文章不染尘。

茶道 "平常心是道" 做何解？

答：佛教所说的平常心指不生爱憎，亦无取舍，不念利益，安闲恬适，虚静淡泊之心。后延伸出无为、不争、知足之心。"平常心是道"最早由马祖道一提出，经从谂和尚等发扬光大，表现为"春有百花秋有月，夏有凉风冬有雪。若无闲事挂心头，便是人间好时节。"

茶道 道家学说与中国茶道有何关系？

答：道家学说是中华民族传统文化的一大支柱，它与我国的文化、艺术和思想领域都有着血肉相连的密切关系。道家"天人合一"的整体观，"清静无为"的养生观，"上善若水"的道德观，"逍遥自在"的幸福观，构成了中国茶道理论体系的筋骨，是修习中国茶道的必修内容。

何为"天人合一"的整体观?

答:"天人合一"是道家哲学思想的核心,是贯穿整个中国传统文化和艺术生命的主题,源于老子《道德经》,最早由庄子做了具体的阐述。《庄子·达生》曰:"天地者,万物之父母也。"到了汉代,儒家思想家董仲舒将其发展为"天人合一"的哲学思想体系,后代茶人由此构建了中国茶道的理论框架。"天人合一"作为哲学命题是《易传》中发展了老子的思想,正式提出的,历代学者对此见仁见智,解释各有不同。我们认为这个命题的核心是认定人与天地万物同根。从茶道的角度看,"天人合一"包括人与自然合体,与天地合德,与四时合序等三个方面。

 在中国茶道中,人与自然合体做何解?

答:受"天人合一"哲学思想的影响,茶人从骨子里认同"我与天地同根,与万物一体",因此心灵深处有亲近自然,热爱自然的原始冲动和回归自然的强烈渴望。这种渴望在茶事活动和涉茶艺术中表现为"人化自然"和"自然人化"两种不解的情结。

何为"人化自然"？

答：是指在茶事活动中，茶人从精神上超越人类的生物局限性，突破物我界限，在情感上与自然交流无碍，在人格上主动与自然"比德"，用全身心去体会大自然的生命律动，和大自然融为一体，达到"独与天地精神往来"的忘我境界。最经典的是李白的《独坐敬亭山》："众鸟高飞尽，孤云独去闲。相看两不厌，只有敬亭山。"

 何为自然的人化？

答：指自然界万物的人格化、人性化。受道家天人合一思想的影响，在茶人眼中大自然是有生命、有感情、通人性的。例如把茶称为涤烦子、苦口师、晚甘侯等。其中"子""师"都是古代对人的尊称，"侯"则是封建社会由皇帝御封的地位崇高的爵位。自然的人化甚至可以让人达到"觉鸟兽禽鱼自来亲人"的境界，使人在大自然的怀抱中倍感温馨、亲切、愉悦。

 为什么说李白的《独坐敬亭山》是人化自然的经典?

答：人化自然的过程是不断舍弃自我的过程。例如李白在《独坐敬亭山》诗中的"众鸟高飞尽"是舍弃，"孤云独去闲"是舍弃，诗中所描写的山中的鸟儿都高飞远去，直至渺无踪影，寥廓长空仅有的一片白云也不愿停留，慢慢地飘逝在远方，世间万物好像都弃诗人而去，在这空寂广袤的天地间，静悄悄只剩下诗人和敬亭山。诗人凝视着秀丽的敬亭山，而敬亭山也深情地看着诗人，"相看两不厌"，李白用了"相""两"两个同义重复，使人感到山就是我，我就是山，山与我亲密无间，表现出诗人"人化自然"的真挚感情，对后代茶人的影响很大。

当然，我们讲"人化自然"并不表示要人退化成动物，也不是说要人真的变为草木山石。恰恰相反，"人化自然"是指茶人从精神上超越人类自身的生物学局限，突破物我界限，用全身心去领会大自然的生命、气势和力量，只有这样，我们才会对大自然爱得更深沉。

茶诗中关于自然的人化有何妙句?

答:陈继儒曾在诗中描写道:"雨过青山画不如,空山谁解问幽居。茗瓯数点浮花乳,蕉叶一窗供草书。树底科头调舞鹤,池边拂尾戏游鱼。葵榴媚眼菖蒲绿,拼向先生两鬓梳。"诗的最后一句即自然人化的警句。葵花石榴花都向诗人抛"媚眼",风吹动菖蒲叶触碰到诗人的头发,好像在为诗人梳头,真是写活了!

茶事活动中有哪些自然的人化的经典?

答:曹松品茶"靠月坐苍山",郑板桥品茶"邀一片青山入座",这都是对山水的人化。曹雪芹品茶"金笼鹦鹉唤茶汤",戴盟品茶"卧听黄蜂报晚衙",这都是对动物的人化。孙樵尊茶为"晚甘侯",皮日休尊茶为"苦口师",苏轼称茶"叶嘉",这都是对茶的人化。

茶道 167 "与自然合体"有什么意义？

答：有了"人化自然"的思想，就能使茶人的思想情感融入自然，更细腻地感悟大自然的美丽。有了"自然的人化"，侧能视自然的万物为亲友，时时体验大自然的亲切与温馨。正因为我国茶人有"天人合一"的思想，所以最能领略"情思朗爽满天地"的品茗激情，最能体悟品茗时"更觉鹤心通杳冥"的至美天乐。

茶道 168 什么是"与天地合德"？

答：如果说"与自然合体"是茶人回归自然的潜在渴望，那么"与天地合德"则是茶人自我意识觉醒后产生的自觉的精神追求。《周易》提出："天地之大德曰生"。"与天地合德"即要求茶人在茶事活动和日常生活中要以人为本，切实做到尊生、贵生、乐生、养生。

 茶道中尊人有何表现?

答：老子曰："故道大、天大、地大、人亦大。域中有四大，而人居其一焉"。茶道以老子的思想为基础，把人尊为宇宙四大之一具有划时代的意义，这是人类从自在进入自为，达到高度觉醒的伟大标志，使人从芸芸众生状态中脱颖而出，达到自爱、自信、自尊、自强。在茶道中最常见的尊人情结是把盖碗称为"三才杯"，杯盖代表天，杯托代表地，当中的茶杯代表人。

 茶道中贵生有何表现?

答：贵生是道家为中国茶道注入的人本主义思想。《列子·天瑞》中曰："天生万物，唯人为贵。"在这种思想影响下，中国茶道提倡茶人不可迷惑于往世来生之说。茶人认为前世不可追，来世不可期，唯有把握今生今世，并设法延年益寿才是正理。故道家喝茶最重乐生、养生，追求益寿延年。

道家喝茶最重养生有何典型？

答：全真教掌门马钰的《长思仁·茶》即是典型。词曰："一枪茶，二旗茶，休献机心名利家，无眠为作差。无为茶，自然茶，天赐休心与道家，无眠功行加。"词中讽喻世俗名利客们喝了茶失眠时会胡思乱想，然而道人们喝了茶不嗜睡，还会增强功力和道行。

 道家以茶乐生的思想对历代文人有何影响？

答：其影响深远。如白居易的《食后》："食罢一觉睡，起来两瓯茶。举头看日影，已复西南斜。乐人惜日促，忧人厌年赊。无忧无乐者，长短任生涯。"又如陆游的《夜汲井水煮茶》（节录）中道："病起罢观书，汲水自煎茗。归来月满廊，惜踏疏梅影。"以茶乐生，写的最生动感人的还数明代茅山隐士闵龄。他在《试武夷茶》写道："啜罢灵芽第一春，伐毛洗髓见元神。从今浇破人间梦，名列丹台侍玉晨。"可见古代著名茶人都善于在日常生活中以茶来愉悦身心。

中国茶道的"乐生"思想源于何典？

答："乐生"思想源于道家经典著作《太平经合校》，其中所载"人最善者，莫若常至极欲乐生，汲汲若渴，乃后可也。"即人善待自己最好的做法就像干渴至极想要喝水一样，把乐生当作自己最要紧的事去做。历代道家高人都常常通过品茶忘却红尘，逍遥自在，享乐今生。

道家以茶乐生有何典型？

答：如道教南宗五祖白玉蟾的《武夷茶歌》："味如甘露胜醍醐，服之顿觉沉疴苏。身轻便欲上天衢，不知天上有茶无？"羽化升天是道家的最高追求，但白玉蟾喝茶感到飘然欲仙时却从心底迸发出一问："不知天上有茶无？"言外之意即如果天上无茶，他宁可留在人间。足见他爱茶之深，也足见茶给他的无穷快乐，能令他为茶抛弃其他一切追求，甚至包括对得道成仙的追求。

 茶道中何为"与四时合序"？

答：中国古代养生注重顺应大自然四季气候变化，根据二十四节气阴阳更替对身体的影响调节饮食；根据阴晴雨雪对心理的影响调整心态；根据一天24小时来调节人体生物钟。老子认为"安时而处顺，哀乐不能入"。意思是说，只要顺应自然调节自我，各种疾病便不能侵入人体。

 道家"清静无为"养生观的理论出于何处？

答：庄子发展了老子道法自然的思想，提出："必静必清，无劳汝形，无摇汝精，乃可长生。"道家养生经典《丹阳真人语录》中把它具体化为"清静无为，逍遥自在，不染不著"。《老老恒言》强调"养静为养生首务"。从此，"清静无为"成了道家养生的根本。

茶道 177 老子、庄子"清静无为"养生观在茶道中有何表现?

答:主要表现为"清心体道,宁静致远"和"道法自然,返璞归真"这两个方面。

茶道 178 茶道中如何"清心体道"?

答:清心,指"少私寡欲,知足常乐"。也就是说人要内心纯朴、排除私欲才能快乐。清心,从根本上讲是指通过修习茶道,从而修出一颗"不争"之心。老了认为:"上善若水,水善利万物而不争,处众人之所恶,故几于道。"即人要清心体道,必须像水一样普利万物而不争。

茶道 179 茶道中的"宁静致远"典出何处?

答:出自诸葛亮的《诫子书》:"夫君子之行,静以修身,俭以养德,非淡泊无以明志,非宁静无以致远。"后代茶人在茶事活动中发扬光大了诸葛亮倡导的精神,通过使内心清静来加强自身修养,通过精行俭德的人文追求,使自己的精神达到高远的境界。

 茶道上善若水的道德观源于何典？

答：源于《道德经》。老子在《道德经》的第八章曰："上善若水，水善利万物而不争，处众人之所恶，故几于道。居善地，心善渊，与善仁，言善信，正善治，事善能，动善时。夫唯不争，故无忧。"老子认为最完美的善应该像水一样普利万物，与世无争，甘居众人不齿的低下之地，而内心宁静，且善于审时度势，以柔克刚，当流则流，当止则止，止其所止，所以水的品格接近于道。

 何为逍遥自在的幸福观？

答：《庄子·逍遥游》提出："若夫乘天地之正，而御六气之辨，以游无穷者，彼且恶乎待哉！故曰：至人无己，神人无功，圣人无名"。庄子认为人心应顺应自然规律，跳出外界束缚，不为事苦，不为物役，不为情困，达到物我两忘，不求功利，不逐虚名，与道合一，这种逍遥自在的境界，才是人生最大的幸福。

 茶人的逍遥境界有何表现？

　　答：逍遥境界是舍弃自我，不求名利的境界，是能超越时空，让心灵自由翱翔的境界。逍遥的茶人心胸旷达，境界高远，为人洒脱。他们是不为事苦，不为物役，不为情困，凡事达观的人，是拿得起，放得下的人。在他们眼中，生是偶然，死是必然，生命只是一个短暂的过程，人生是用旷达包容的胸怀对生命过程的全方位体验。他们在怀才不遇时，不顾影自怜，不怨天尤人，而是自信"天生我材必有用"。他们功成名就时不沾沾自喜，不得意忘形，而是"直挂云帆济沧海"，不断去追求新的体验。逍遥自在的人，是去除了生命之遮蔽和心灵的重负后，仍能自由自在地畅游生命的人。

 何为茶味人生？

答："茶味人生"是指通达了逍遥自在的幸福观，把人生作为对生活的全方位体验，它主要表现在三个方面。其一，对酸甜苦辣人生百味都能坦然接受，并且都品得有滋有味。其二，明白"茶味人生"是个体与环境的高度协调。例如，品种再优良的茶树如果没有良好的生态环境也无法很好地生长。又如再好的茶叶如果没有适当的配套茶具，没有合格的水，没有技艺精良的茶艺师，也冲泡不出最佳的色香味。其三，"茶味人生"是对"虚荣人生"的彻底否定。贪慕虚荣的人，片面追求奢华的人，性情焦躁的人，苛求他人与环境的人都与"茶味人生"无缘。只有像苏东坡这样即使在凄风苦雨中也能"身如不系之舟"，在苦海中也能自由自在地漂泊，做到"超然于物外，无往而不乐"的人，才能够"通脱自适，处处生春"，充分享受"茶味人生"。

 全真教掌门马钰对以"茶逍遥人生"做何描述？

答：马钰道长有一首著名的词为《满庭芳·出樊笼》："掣断名缰，敲开利锁，欣然跃出樊笼。无拘无束，纵步任西东。自在逍遥活计，占无为，清净家风。无情念，亦无憎爱，到处且和同。不唯身坦荡，心中豁畅，性念玲珑。更不搜婴姹，坎虎离龙。方寸澄清湛寂，得自然，神气和冲。神仙事，何愁不了，决定赴蓬宫。"

 道教南宗五祖白玉蟾对"以茶逍遥人生"有何描述？

答：他有三首诗很具有代表性：

其一，《即事》：最不近情三月雨，偏饶清兴两杯茶。知心事是窗前叶，滴沥声敲似暮笳。

其二，《即景》：山自青青水自波，数声黄鸟与云和。心朗应如秋水净，笑持清樽向天歌。

其三，《无题》：月移花影来窗外，风引松声到枕边。长剑舞余烹茗试，新诗吟罢抱琴眠。

 "达生"与"贵生"是如何辩证统一的？

答：道家在主张"贵生"的同时还十分推崇"达生"。庄子在《达生》中云："达生之情者，不务生之所无以为。"达生，即通晓生命本质，看破生死，做到生死如一。生是偶然，应当"惜花惜月惜情惜缘惜人生"，充分体验生活。死是必然，也是回归自然，如叶落归根，应当无惧无畏无愧无憾无挂碍。例如庄子在妻子去世时，他"鼓盆而歌"，自己面对死亡时也泰然自若，含笑辞世。"达生"的人往往也是"贵生"的人，并且最懂得珍爱生命。

中国茶道300问

茶之美

不风不雨正清和，翠竹亭亭好节柯。

最爱晚凉佳客至，一壶新茗泡松萝。

 什么是茶道美学？

答：美学是哲学的一个分支。哲学包括逻辑学、伦理学和美学。逻辑学求"真"，伦理学求"善"，美学是人类对世界万物的审美体验，求"美"。从宏观讲，美学是哺育人类心灵，提升人的素质，促进人们体道、悟道的一门学科。从微观讲，茶道美学是茶人对现实生活审美的哲学思辨，它影响着茶人的身心健康、生活品位、茶艺境界和幸福指数。

 茶道美学有何具体作用？

答：可指导茶人用审美的眼光在生活中发现美、感受美，用美陶醉自己并以美感染他人，使平庸乏味的生活变得诗情画意。同时，还引导茶人用美学的眼光认识自己，使自己从社会强加给人的理性冷漠中解放出来，从自己强加给自己的功利心里超脱出来，用率真和童心去体验生活。

茶道与美学有何关系？

答：中国茶道是美的哲学。庄子说"圣人者，原天地之美，而达万物之理"。即审美是体道、悟道的过程。从茶道角度看，美学像茶叶，在白开水中加入一点茶叶，无色的水便洋溢出生命的绿色，飘散出醉人的芬芳。在生活中引入一点美学理念，平凡的生活便诗意盎然，充满情趣。

 中国茶道美学理论体系包括哪些内容？

答：中国茶道美学的理论体系有四大支柱："天人合一，物我玄会"是中国茶道美学的哲学基础；"知者乐水，仁者乐山"是中国茶道"君子比德"的理论基础；"涤除玄鉴，澄怀味象"是中国茶道美学审美观照的方法论基础；"道法自然，保合太和"是中国茶道美学表现形式的基本法则。

茶道 "天人合一"的思想体现于何处?

答: 其一, 《周易·条辞传》曰: "天地之大德曰生。"即创造生命, 爱护生命是宇宙最崇高的大德。

其二, 《周易·乾·彖辞传》曰: "乾道变化, 各正性命。保合太和, 乃利贞。"乾道即天道, 天道在不断变化中创造万物, 阴阳和谐时大自然充满奋进的生命精神。

其三, 《礼记·礼运》曰: "故人者, 天地之心也, 五行之端也。"即人是万物之灵, 能够从心灵深处把握世界的本质, 探究万物的奥秘, 顺应自然规律, 充分享受人生。

茶道 如何理解"物我玄会"?

答: "物我玄会"是和"天人合一"相辅相成的茶道美学理念。"物"指审美客体, "我"指审美主体。"玄会"是指在天人合一思想指导下, 审美主体超越人类自身的生理局限性, 从精神上泯灭物我界限, 通过审美观照最终达到"思与境偕""情与景冥""与道会真"的境界。

 茶道 "天人合一，物我玄会"对修习茶道有何用？

答：牢固树立这一理念，可以促使茶人从内心对大自然产生刻骨铭心的亲切感，并建立起极富人情味的精神上的联系，有了这种联系，人便能感受到"天地有大美而不言"，从而达到审美的最高境界，并使自己生活在美好、亲切、生机勃勃的环境中，通过"物我玄会"能感受到"至美天乐"。

茶道 为什么说"知者乐水，仁者乐山"创立了审美的"比德"理论？

答：孔子认为美必须符合儒家的品德，提出"知者乐水，仁者乐山"。知者即智者，仁者即心怀仁爱的人。朱熹解释为：智者思维活跃，像流水一样奔腾不息，所以爱水。仁者心像山一样坚定不移，所以爱山。比照着与自己人格所崇尚的道德标准去审美即"比德"。审美的"比德"理论对中国古典美学和中国茶道影响极深。

茶道 古代茶人如何以"比德"理论赏茶？

答：施肩吾把茶称为"涤烦子"，即茶是能祛除烦恼的君子高人。胡峤把茶称为"不夜侯"，在封建王朝只有建立丰功伟业的人才可能封侯，足见胡峤对茶的推崇。另外，"瑞草魁""苦口师""叶嘉""橄榄仙"等也都是古人根据"比德"理论为茶起的昵称。

茶道 中国茶人是如何根据"比德"理论营造茶境的？

答：茶人常选松、竹、梅、兰、菊、奇石、紫砂壶等点缀茶境。以竹与松为例：按照中国茶艺"君子比德"的审美理念，这些植物是构成茶境文化品位的要素，是对茶境内涵意蕴理解的导向。在诸多植物中，古代茶人对竹、松推崇备至。在历代茶诗中对竹的描写最多。如：

茶香绕竹丛。（唐代·王维）

竹下忘言对紫茶。（唐代·钱起）

竹径青苔舍，茶轩百鸟还。（唐代·齐己）

尝茶近竹幽。（唐代·贾岛）

果肯同尝竹林下，寒泉尤有惠山存。（宋代·王令）

手挈风炉竹下来。（宋代·陆游）

竹间风吹煮茗香。（明代·高启）

茶人们在选择茶境时喜竹，首先是因为竹子"高节人相重，虚心世所知"。其次是因为竹可以启人心智，洁人情怀，陶冶情操。同时，还因为竹子的形态如鸾凤之羽仪，欣然而形，苍然而色，玉立风尘之表，并且常生于山中水边，具有天然的野趣，洋溢着"山中情"。如卢仝"君家山头松树风，适来入我竹林里。一片新茶破鼻香，请君速来助我喜。"倪云林"遂来修竹下，共憩西涧阴。汲泉以煮茗，邈哉遗世心。"他们爱的就是竹的野趣，想表达的就是潜藏心底的"山中情"。另外，竹有清香清韵，与茶香茶韵相得益彰，所以，历代茶人把翠竹作为美化品茗环境的首选植物。

除了竹之外，古代茶人也偏爱在松下品茗。如：

煮茶傍寒松。（唐代·王维）

骤雨松声入鼎来。（唐代·刘禹锡）

松花飘鼎泛，兰气入瓯轻。（唐代·李德裕）

涧花入井水味香，山月当人松影直。（唐代·温庭筠）

清话几时搔首后，愿和松色劝三巡。（宋代·林逋）

两株松下煮春茶。（元代·倪云林）

细吟满啜长松下。（明代·沈周）

茶人爱松，因为松树古貌苍颜、铜枝铁干、下临危谷、上入云霄、傲雪凌霜，恰合茶性亦合茶人之心性。

另外，古人还常把看松与听松相结合，看松时喜欢松的"凌风知劲节，负雪见贞心"。从松树身上去寻求士大夫挺拔傲岸的人格和坚贞

不屈的情操。听松则是因为松风是自然之声，是天籁。听松最能引人共鸣，助人体道悟道。

茶人们在品茗时，不仅爱听大自然的"松声"。而在茶人心目中，茶鼎水沸之声亦如松声。例如：

雪乳已翻煎脚处，松风忽作泻时声。（宋代·苏轼）

鹰爪新茶蟹眼汤，松风鸣雪兔毫霜。（宋代·杨万里）

烹煎已得前人法，蟹眼松风朕自嘉。（明代·唐伯虎）

无论是大自然的松风之声，还是茶鼎水沸的"松风"之声。在茶人心中都是"比德"的标杆。品茗时倾心去听松风之声，动心移情，神与物游，沉醉于松风竹韵茶香中，久而久之，松也忘了，风也忘了，茶也忘了，最终连自己也忘了，茶人们可在"物我两忘"中达到"物我玄会"的境界，从而享受品茶的无上乐趣。

茶道 197 何为"涤除玄鉴"？

答：洗净污垢谓之涤，扫去尘埃谓之除，古代人把镜子称为"鉴"，心灵清澈能如镜子一样映照出客观世界的大事万物称之为"玄鉴"，玄即道。涤除玄鉴包含两层意思：其一，首先是像大扫除一样清除一切主观成见，摒弃一切教条迷信及世俗强加给我们的"真理"，使自己的心空灵虚静。其二，然后用自己一尘不染、一私不留、一妄不存、一相不着的清澈如镜的心去实现审美观照。

何为"澄怀味象"？

答："澄怀味象"是南朝画家宗炳提出的审美理论，在茶道美学中是对"涤除玄鉴"这一哲学命题的补充。"澄"者，指水清澈明净无杂之意。"澄怀"即使自己的心灵情怀达到像澄净的水一样清澈。"味象"，即用澄净了的空明之心去真切地品味一切事物，妙悟世间万象。

为什么说"涤除玄鉴，澄怀味象"是审美观照的方法论基础？

答：发现美，感悟美，用美陶醉自己并感染别人始终是中国茶道的妙处。领悟了"涤除玄鉴，澄怀味象"，你便会自觉地放下心中的功利情节和各种杂念，你便有了一颗明澈的审美之心，无论是疾风骏马的塞北，还是杏花春雨的江南；无论是旭日东升，还是夕阳西下；无论是月明星稀，还是风霜雨雪，也无论是春花绚丽，还是落叶静美……万象之美皆可了然于胸。

 "涤除玄鉴,澄怀味象"有什么经典的实例?

答:苏轼有一篇妙绝千古的游记范文,虽只有短短的78个字,却最能说明这个问题:"元丰年十月十二日夜,解衣欲睡,月色入户,欣然起行。念无与乐者,遂至承天寺寻张怀民明。亦未寝,相与中庭。庭中如积水空明,水中藻荇交横,盖竹柏影也。何夜无月,何处无竹柏,但少闲人如吾两人耳。"

此文读来令人如身临仙境,也令人扼腕叹息。是啊!大自然何夜无明月,何处无美景,只是我们这颗躁动的心,怎么就安闲不下来,感受不到大自然的厚赐呢?可见有了"涤除玄鉴、澄怀味象"之心,美就无处不在。

茶道 宗炳的审美理论有什么特点？

答：宗炳（375-443）是我国南朝的名士，朝廷多次招他为官，他都婉辞不就。他擅长书法、绘画、弹琴，是我国历史上很有影响的画家，是文人画的先驱。他用生动精炼的语言表达自己对于美的看法。提出"望秋云，神飞扬，临春风，思浩荡。"即画山水不是主观地刻板摹画，而应当融入自己的感情，才具有生命力。宗炳对茶道美学的最大影响在于"澄怀味象"，即用空明的心境去细细品味客观事物的美。其中"澄怀"是使心灵虚静；"味"是审美享受，要食髓知味；"象"是指审美的客体。"味象"是指在观赏山水中引起无限的情思和联想，使自己的精神在美的熏陶下升华。受他的影响，茶人们多乐于在"澄怀"上下功夫，在"味象"上求悟道。

茶道 何为审美观照？

答：审美观照是美学的一个基本概念，指无为而为的审美方式，即超脱功利，通过感性直觉审美。但是，它不是人对审美对象的被动感知，而是通过观察、体验、知觉、想象，自然而然地接受审美对象的感染，达到情感的满足和心灵的愉悦，反过来又可以净化心灵，促人悟道。

 如何理解茶道美学中的"道法自然"?

答:"道法自然"源于《道德经》:"人法天,地法天,天法道,道法自然。"其中的"法"是指效法,文中的"自然"是指道的事物本性即自然而然,不以人的意志而改变。人的一切行为都应当效法自然,顺应自然。中国茶道美学中的"道法自然"一方面强调美应当淡然无极,毫不造作。另一方面强调修习茶道要"原天地之美而达万物之理"。在茶艺演示时,"道法自然"具体变现为力求朴素简约、返璞归真。在茶事活动中纯任心性、毫不雕饰、毫不矫揉造作。因为只有自然之物才是真物,只有自然表露才见真情,只有自然"无我"才见真性;只有自然之美才淡然无极,朴素无华,才能达到"天下莫能与之争美"的境界。

在修习茶道中如何做到"道法自然"?

答:"道法自然"的根本是求"真"。庄子的美学思想十分重视"真"。他说:"真者,精诚之至也。不精不诚,不能动人。"在茶事活动中一切要返璞归真,率性任真,与道会真。我国京剧大师梅兰芳在谈到他艺术成功的经验时说:"过去我演谁像谁,如今我演谁是谁。"演谁像谁,演得再像也只是模仿。只有达到"我演谁我是谁"才是"道法自然"。因为达到这种境界后你不是在演,而是在自然地表露真我。

 茶艺实践中如何做到道法自然？

答：要祛私除妄，彻底摒弃表演心态，在深刻理解茶艺主题思想和意境的基础上做到"无我"。动如行云流水，静如苍松屹立，言如山泉絮语，笑如山花烂漫。把自己和角色融为一体，一举手一投足、一笑一颦，一言一行都发自自然，纯任心性，至精至诚，毫不造作。

 "道法自然"在茶文学中有何表现？

答：艺术是相通的，文学和茶艺一样追求道法自然。如明代祝允明的诗："梅子青、梅子黄，菜肥麦熟养蚕忙。山僧过岭看茶老，村女当炉煮酒香。"又如文徵明诗："碧山深处绝尘埃，两面轩窗对水开。谷雨乍过茶事好，鼎汤初沸有朋来。"只要遵循道法自然，无论是文学艺术，还是表演艺术，也无论平淡若清泉，还是绚丽如春花，众美皆可信手拈来。

 "保合太和"在茶道美学中做何解?

答: "保合太和"与"道法自然"是一组矛盾的,对立统一的,相辅相成的美学概念。"道法自然"要求破除一切人为的束缚,力求达到与道会真的自然之美。而"保合太和"则要人为调控,要通过"文"与"质"的高度和谐,达到恰到好处的中庸之美,并在追求中庸之美的过程中,培养人的"中正"品格。

 中国茶道美学主要受哪些流派的美学思想影响?

答:中国茶道美学主要受儒释道三教美学思想的影响。中国茶道美学融汇了以"和"为美的儒家美学思想,以"空"为美的佛家美学思想,以"妙"为美的道家美学思想。这三家美学思想像春雨"随风潜入夜,润物细无声",滋养了茶人,所以茶人读得懂月的诗章,听得懂花的絮语,感受得到大自然的律动,能做到触处生春。这三家的美学思想在茶事活动中交相呼应,演奏出中国茶道既波澜壮阔又细腻真诚的动人乐章。

儒家以"和"为美表现在哪些方面？

答：在人格美方面孔子提出"文质彬彬"，即"文"与"质"相和谐才是君子；在情感上孔子提出"致中和"，即情感表达要恰到好处才是美；在伦理道德上孔子倡导"礼之用，和为贵"；在艺术上孔子要求"乐而不淫，哀而不伤……"总之，要求做到"一切都要既不太过，又无不及。"

 佛教以"空"为美表现在哪些方面？

答：佛教哲学讲"色不异空，空不异色。色即是空，空即是色。"揭示了"美"真幻相即，有无相生，真空妙有的特点，催生了"美由心生"的主观主义审美观。接受这一理念，可纳天地于胸际，化万物为情思，人、自然、社会万象都可化为无尽美妙的联想。另外，佛教崇尚以"空"为美，还常常空寂结合，营造出庄严肃穆，空灵清寂之美和"留白"的艺术风格。

茶道 道教以"妙"为美表现在哪些方面？

答：道家认为美源于"道"，而"道"的本性是自然无为，是朴素。故庄子提出："朴素而天下莫能与之争美。""淡然无极而众美从之。"要创造美应当"法天贵真，不拘于俗。"道家很少直接讲"美"，他们认为美的最高状态是"妙"，如美妙、巧妙、奥妙、绝妙、妙用、妙计、妙理、妙论、妙趣横生、妙笔生花……"妙"是高深莫测之美，是只可意会，难以言传之美。如果一定要用一句话概括，那就是"妙不可言"，即只能用心去悟。

茶道 中国茶道审美有何特点，其要领是什么？

答：从美学理论上讲，审美活动是唤醒性灵，张扬个性，愉悦自我，净化心灵，完善人格的心理活动，是人纯粹感情的最真实表露，其特点是人在审美过程中毫无功利之心。中国茶道审美有四大要领：美由心生；应目会心；迁想妙得；六根共识。

茶道 为什么说"美由心生"是中国茶道审美的特点之一?

答:茶道美学认为,审美虽然必须以事物的自然属性为基础,但审美感受最终是由人的心灵主观决定的。茶道审美实际上是茶人心与物的对话,也是通过"比德"对自我人格的欣赏。茶人的心多美,意境就有多美,审美的感受自然就会有多美。笔者的心得是:"圣心常虚静,玄鉴照本真,物我相玄会,美自由心生。"接受"君子比德"的美学理论,"美由心生"就是必然结果。

茶道 何为"应目会心"?

答:"应目"是指眼睛看到了客观的事物。"会心"是指心领神会,理解客观事物。在茶艺审美过程中"应目"是对审美对象进行观察,"会心"是审美对象与审美主体的人格相契合,表现出审美与人格的一致性。什么样的人格必定有什么样的审美。反之,什么样的审美哺育什么样的人格。每经历一次"应目会心",即会产生一次人心畅适,得到一次心灵的澡雪。每经历一次心灵澡雪就等于哺育了一次既定的人格。

　　大自然是美的，"明月照积雪""大江流日夜""澄江净如练""池塘生春草""秋菊有佳色""空山新雨后""大漠孤烟直""长河落日圆"……云幻波诡，激动人心。茶叶是美的，银针、雪芽、旗枪、雀舌……千姿百态、万种风情。茶艺的过程也是美的，炉里炭火，壶内松风，杯中流霞，舌端甘苦……无不动人心弦。然而对于这些美的东西，有些人熟视无睹，有些人反应淡漠。"明月照积雪"的清丽冷峻，"池塘生春草"的勃勃生机，"大漠孤烟直"的宁静肃穆，"长河日落圆"苍茫壮阔都激不起某些人心中的半点涟漪。"壶里松风""舌端甘苦"在某些人的心中也引不起一丝联想，这是因为他们对于这些美虽然"应目"了，但却没有"会心"。茶艺审美重在"会心"上做文章，贵在"会心"上下功夫。也只有对茶艺之美心领神会，才有可能通过品茶陶冶情操，提高修养并促进人格的完善，而这些正是我们修习茶艺的主要目的。在这方面，古代的许多茶人都为我们树立了良好的榜样。

 ## 何为"迁想妙得"？

　　答：这原是东晋画家顾恺之提出的形象构思理论，在茶道美学中有两重含义。其一是移情，即把审美者的情感转移到审美对象，经过联想把握对象的本质，得到巧妙的形象构思。例如，杜甫有一首名诗《重过

何氏五首》（其三）：

> 落日平台上，春风啜茗时。石阑斜点笔，桐叶坐题诗。
>
> 翡翠鸣衣桁，蜻蜓立钓丝。自逢今日兴，来往亦无期。

春风送暖，夕阳斜照，佳茗飘香，快乐的翠鸟在屋檐上鸣唱，可爱的小蜻蜓静静地落在钓竿上，看着诗人挥笔在桐叶上题诗，多么美丽而浪漫的"啜茗题吟图"啊！从诗的前三句可看出，杜甫绘声绘色，把自己的情感和想象都融入了大自然，迁入到审美对象的内部。最后一句诗人笔锋一转，写道："自逢今日兴，来往亦无期。"今日如此快乐的情景，何时才会再有呢？这种感悟正是茶人常说的"一期一会"，诗人从中领悟到每一次相聚都是难得的缘分，都是不可能重复再现的唯一，都应当好好珍惜，这就是"妙得"。

其二是发挥艺术想象力，把不同时空的东西加以联系，通过联想得到美感或对人生的感悟。如唐代诗僧皎然的《九日与陆处士羽饮茶》一诗写道：

> 九日山僧院，东篱菊也黄。俗人多泛酒，谁解助茶香。

皎然是唐代人，大约生于公元720年，陶渊明是东晋人，生于公元365年，两者相距三百多年。而皎然在诗中从"东篱菊也黄"联想到嗜酒如命的陶渊明，联想到他所写的诗："采菊东篱下，悠然见南山。"从陶渊明嗜酒，又联想到"俗人多泛酒"，这些都是迁想。诗的结尾"谁解助茶香"是通过"迁想"之后的"妙得"。皎然和尚通过迁想之后，认为茶中有真香，喝茶最有益，茶最值得人珍爱。

茶道审美为什么强调"六根共识"？

答：茶艺是一门高度综合的生活艺术，审美时必须"五官并用，六根共识"。"六根"是佛教用语，指眼、鼻、耳、舌、身、意，它们分别具有六种感觉功能。茶道审美是对茶事活动中人之美、茶之美、水之美、器之美、境之美、艺之美等六要素的赏析，必须将看、听、闻、尝、触和思相结合，必须调动所有感官去感受，所以强调"五官并用，六根共识"。

修习茶道为什么要学美学？

答：首先，因为修习茶道是要学习用美学的眼光审视世界，用美学的眼光认识自己，这样你会觉得过去枯燥的生活竟然变得充满诗情画意；原本并不完美的世界，美竟然无处不在。这样，你的心才能融入这个美妙的世界，你才能享受生活的美丽，否则你只是在完成生命的过程。其次，学习好美学在日常生活中才能善于发现美，善于用美陶冶自己，用美感染别人，用美净化社会。

中国茶道与诗词有何联系？

答：自古以来茶都是润泽文士的精神饮料，文人雅士是推动茶文化发展的主力军。在各种文学形式中，诗与茶结缘较早。"酒领诗队，茶醒诗魂""茶涤诗肠，妙思猛生"。文士以诗发扬光大茶道主要有三：以诗阐释茶道要义；以诗抒发品茗的感悟；以诗咏茶，传播茶文化。

中国茶道与楹联有何联系？

答：楹联即民间所说的对联，最早是以五代后蜀之主孟昶的桃符题词形式出现："新年纳余庆，佳节号长春。"后代文人借助这种平仄严谨，对仗工整，言简意赅，内容广泛，寓意深远的文学形式来咏茶释道，常用于装饰茶室，营造品茗意境，启人心智，使人警醒。

题咏品茗环境的妙联有哪些?

答：妙联不胜枚举。如题成都望江楼：花笺茗碗香千载，云影波光活一楼。又如郑板桥云："楚尾吴头，一片青山入座；淮南江北，半潭秋水烹茶。"再如淮远望淮楼："片帆从天外飞来，劈开两岸青山，好乘长风破巨浪；乱石自云中错落，酿得一瓯白乳，合邀明月饮高楼。"

题咏品茗意境的妙联有哪些?

答：各人喜好不同，笔者比较喜爱以下六联：① 烟中茶语窗前月，瓶里梅花谷外莺。② 一帘春影云拖地，半夜茶声月在天。③ 竹雨松风琴韵，茶烟梧月书声。④ 花梢清风移月影，琴傍玉壶升茗烟。⑤ 墨池烟润花间露，茗鼎香浮竹外云。⑥ 雨过琴书润，风来茶墨香。

茶道 请列举几幅表达茶人真情的妙联。

答：例如：① 寒夜客来茶当酒，竹炉汤沸火初红。② 美酒千杯难成知己，清茶一盏也能醉人。③ 为有清香频入座，欣同知己细谈心。④ 半壁江山待明月，一盏清茶酬知音。⑤ 千载奇缘，无如好书良友；一生清福，只在茗盏炉烟。⑥ 溪上奇茗因君煮，海南沉香为书熏。

茶道 有哪些醒世妙联？

答：主要有：① 一壶苦茗释禅味，半榻茶烟养性灵。② 茶笋尽禅味，松杉真法音。③ 茶事是事，事到无心皆可乐；茗品须品，品出法味人自闲。④ 我为六如茶文化研究所撰写的两幅茶联：其一，滴水明上善，片叶醒禅心。其二，如梦如幻如露如电如泡影，惜花惜月惜情惜缘惜人生。

茶道 有哪些趣联?

答:主要有:①"天一"茶园的嵌头联:天然图画,一曲阳春。② 以地名起头入联:常德山,山有德;长沙水,水无沙。③ 回文联:趣言能适意,茶品可清心。④ 回文联:人品即茶品,品茶即品人;心清如泉清,清泉如清心。其中第三、第四两联无论正读逆读都词意通顺,第四联属于"卷帘格"回文联,无论正读倒读,不仅词意相同而且连文字的顺序也完全一样,"趣"意盎然。

茶道 中国茶道与散文有哪些联系?

答:散文是文学的一大载体,自六朝以后,为了区别于韵文和骈文,把不押韵,不重排偶的文章都称为"散文"。因为散文形式自由,结构灵活,表现手法丰富多彩,所以在弘扬茶道时应用得最为广泛。古代咏茶散文以苏轼的《叶嘉传》首屈一指,当代的涉茶散文以台湾林清玄之作为佳。

 为什么说写当代品茗论道的散文以台湾林清玄为佳?

答：读林清玄的散文集《茶味禅心》《莲花香片》《迷路的云》《清音五弦》《情的菩提》等佳作，有的如品台湾高山乌龙，清香沁心，禅意绵绵;有的如啜极品东方美人，色艳香郁，销魂夺魄。每一段文字都会使人或沉静，或警醒，或受到优美的感动。林清玄写茶的散文妙在他擅文、懂茶、有真情、有禅韵。

 中国茶道与艺术有何关系?

答：艺术是人类以情感和想象为特性来感知世界的一种特殊方式。根据表现方式的不同，艺术可分为表演艺术、造型艺术、语言艺术、综合艺术等。茶道和多类艺术都有着千丝万缕的联系。限于篇幅，在《中国茶道300问》中仅简介茶道与花艺、香艺、陶瓷艺术及音乐的关系。

 茶道与花艺有何关系？

答：中国茶道是美的哲学，花是美的象征，所以修习茶道自然会关注集色、香、形、韵四美为一体，充满无限生机活力的鲜花。在茶人与花相处的过程中，花逐渐化为茶人的亲密伴侣融入其生活，茶人也逐渐把情感和文化融入花，形成了以"君子比德"为核心的花艺之美。以花展示不均其齐美、简素美、自然美、枯槁美、幽玄美、脱俗美、静寂美，以及多样统一、对比调和、节奏韵律之美。另外，花虽无语却最多情，我们在茶道中可以借助花语来表达自己的情感。

受"君子比德"理论的影响，哪些花被尊为"四君子"？哪些花被称为"十二友"？

答：梅、兰、竹、菊被尊为"四君子"：兰为芳友、梅为清友、蜡梅为奇友、瑞香为殊友、荷为净友、栀子花为禅友、菊为佳友、桂花为仙友、水仙花为韵友、茉莉为雅友、桃花为艳友、海棠花为名友，此为"十二友"。

在茶事活动中，花与民俗节庆有什么联系？

答：春节宜用梅花、蜡梅、水仙、茶花、兰花、桃花点缀；端午节宜用丁香、木香、白芷、菖蒲点缀；中秋节宜用桂花点缀；重阳节宜用茱萸、菊花点缀。

我国十大名花各有什么称誉？

答：梅花——雪中高士；牡丹——花王；菊花——花中隐士；兰花——空谷佳人；月季——花中皇后；杜鹃——花中西施；山茶花——花中妃子；荷花——花中君子；桂花——花中仙客；水仙花—凌波仙子。我们在茶道插花时应尊重传统，通过彰显花的品格来表达茶道精神。

 在茶道插花中应注意什么？

答：第一，应注意借助现代花语来表达心情，彰显茶事活动的主题。第二，注意用应时鲜花点明时令。第三，尽可能事先了解主宾的国花或所在城市的市花，以及其星座的幸运花，插花时应以这些花为主材。第四，中国茶道插花宜选用鲜花，且遵循简素、自然、照应、多样统一等美学表现基本法则。

 插花时要注意哪些细节？

答：选择花材应重视花枝的姿态和神韵，用花语、花期、花色、花姿、花香、花韵来烘托茶艺主题。花器形态和质地的选择亦应根据主题而定。在造型上可与奇石、古玩、贝壳、陶艺、竹编、竹木相结合，讲究线条飘逸，追求自然美、简素美、脱俗美，有一些类型的茶艺则追求枯槁美、幽玄美、不均齐美等各类美境。

茶道 对于茶道插花，古人有何争议？

答：以王安石、田艺蘅为代表，他们认为花不适宜茶，因为花太艳、太闹、太喧，与茶性清静、幽雅不相符，所以他们认为对花品茗"煞风景"。但是更多的茶人主张"花宜茶"，因为花美、花香、花有韵。另外，"花虽无言却多情"，茶道插花有助于把人带进茶道所要表现的诗情画意之中。

茶道 唐代高僧灵云志勤禅师是因哪种花开悟的？

答：灵云志勤禅师见桃花灼灼盛开而悟道，其《悟道偈》云："三十年来寻剑客，几回落叶又抽枝。自从一见桃花后，直至如今更不疑。"灵云随长安大庆禅师参禅苦修多年终不开悟，一日他走出山门，看到满山桃花盛开，灿烂若朝霞，热情如火海，当下豁然见本性，因作此偈。

 宋代一女尼因什么花而得《悟道偈》?

答：宋代一女尼因嗅梅花而悟道。悟道后做一偈，偈云："终日寻春不见春，芒鞋踏遍岭头云。归来笑拈梅花嗅，春到枝头已十分。"此偈形象活泼，毫无枯涩之感，前两句写求法，后两句写悟道。归、笑、拈、嗅，写得传神，一拈一嗅，即嗅出了"道不远人"的大道理，这即顿悟的典型。

 明代憨山德清禅师因菊花而悟道，其偈作何解？

答：憨山大师的悟道偈云："春日才看杨柳绿，秋风又见菊花黄。荣华终是三更梦，富贵还同九月霜。"诗的起句从"才见杨柳绿"到"又见菊花黄"，悟出人生短暂，世事无常，一切都是过眼云烟，无可执着。后一句的"三更梦""九月霜"，形象地道尽了名利、地位、财富都如梦如幻如霜雪，随时随地都可能消失得无影无踪。因此，憨山德清禅师而悟道，这正是"道心何须叹杳冥，一见菊花便不疑。"

中国茶道与香艺有何联系？

答：香是大自然中能通过人体嗅觉器官引起人精神愉悦的气味，早在人类"茹毛饮血"时期，对香便有了发自天性的喜爱。"香"字从"禾"、从"日"，原指香是谷物被日晒后所发出的气味，暗示人们谷物成熟了，可以果腹，后引申为一切美好的气味。茶道中用香是借香营造气氛，净化心灵，促进健康，启迪悟性。

何为香德？

答：日本国民认为香有四德：静心契道，品评审美，励志翰文，调和身心。我国宋代诗人黄庭坚归纳出茶有十德："感恪鬼神，清净身心。能除污秽，能觉睡眠。静中成友，尘里偷闲。多而不厌，寡而亦足。久藏不朽，常用无碍。"《贤愚经》中以香为"信心之使"，诚净为本。

茶道 在茶事活动中用香有何益处?

答: 明代徐惟在《茗谈》"品茗最是清事,若无好香佳炉,遂乏一段幽趣;焚香雅有逸韵,若无茗茶浮碗,终少一番胜缘。是故,茶香两相为用,缺一不可,享清福能有几人?"具体地说茶事活动中用香主要有四大功能:① 美化品茗意境。② 令人心定神宁;③ 祛浊扬清,通过"驱""通""养""调"强身健体。"驱"即去除邪气、浊气、病气。"通"即疏通经络气脉,使真气运行无碍。"养",即养真气、元气、正气。"调",即调动人体自然免疫系统,激活生命力;④ 香有十德,能修身养性,陶冶性情,提升道德修养境界,使人心静神宁,而且能助人进入禅境,使人自性清净,心生善念。因此,茶人认为香是有生命的,它在燃烧过程中不停地与人对话,它能激活人的想象力,使时空都充满诗情画意。

茶道 焚香对品茗有无不良影响?

答: 有利就会有弊。我们处理问题当"两利相权取其重,两弊相权取其轻"。"权"即权衡、对比。焚香对鉴赏茶香固然有干扰,但是悠悠袅袅、缥缈虚幻的烟雾能为品茗营造庄严肃穆的气氛,使人的心空灵虚静,有利于澄心体道。权衡利弊,审评茶叶时不宜焚香,而茶艺表演或以茶自娱、以茶修行时皆可用香。

茶道与音乐有何关系？

答：儒家认为"乐者，天地之和也；礼者，天地之序也。"孔子认为君子"兴于诗，立于礼，成于乐""移风易俗，莫善于乐"。古代思想家无不视"乐"为教化人、培养人的最有效的方法。茶道与音乐结合具有营造意境、愉悦心灵，陶冶情操，净化社会的功能。

 为什么说音乐能陶冶性情？

答：因为音乐是伴随文明共生的艺术，它能使我们把珍惜生命的情节变成可以享受的娱乐。学习音乐是对个体生命体验的追求，演唱歌曲或演奏音乐是人类内心情感的抒发，欣赏音乐是对生命的审美。通过这种审美，人更能感受生活的奥妙，体验生命的本真，故而能陶冶性情。

为什么音乐能增强茶艺的感染力？

答：因为好的音乐如无形而温柔的手，能把人的心牵引到茶艺所要表达的意境中去。例如，茶艺按照其所反映的品茶主题可分为宫廷茶艺、宗教茶艺、民俗茶艺、文士茶艺和时尚创新茶艺，不同类型的茶艺必须配合相应的音乐才能生动感人。如民俗茶艺中，我国的56个民族各有不同的饮茶习俗，同时也有各自动人的音乐，喝内蒙古奶茶最好是配马头琴乐曲，喝傣族竹筒茶最适合配葫芦丝、巴乌演奏的《月光下的凤尾竹》等傣族歌曲……总之，选择恰当的音乐有助于为我们的心激活生命之源，能促进人的自然精神再发现和人文精神再创造，从而让茶人的心与茶对话，让茶艺的美渗透进茶人的心灵，并引发共鸣。

茶道中适用什么样的音乐？

答：音乐的选择应根据茶艺主题、品茗环境、季节及个人与观众的爱好而定。古典名曲幽婉深邃，韵味悠长，有令人荡气回肠，销魂摄魄之美；近代名曲和专为茶而谱写的歌曲能让人心伴茶香翱翔；播放录制的山泉飞瀑、雨打芭蕉、风吹竹林、虫鸣鸟唱、松涛海浪等天籁之音也很有情趣；演示创新茶艺，选用时尚流行歌曲能突出时代感；演示外国茶艺则应当配以演示国的代表性曲目。

茶道和茶具有什么关系？

答：《易·系辞》载："形而上者谓之道，形而下者谓之器。"中国茶道受传统文化的影响，既重视形而上的"道"，也重视形而下的"器"，故而有"器为茶之父"之说。只有以器载道，以器示道，茶道才能做到从内涵到形式都尽善尽美，使人们更易于通过茶事实践体道、悟道。

 为什么茶人在各种茶具中格外重视紫砂壶？

答：因为紫砂壶是中国陶瓷艺术中的奇葩，在紫砂壶中凝聚着中华民族文化艺术的精髓，折射出崇尚质朴，崇尚自然的灵光。一把好的紫砂壶，它的形式就是内容，内容就是形式，两者艺术地融为一体，它既有使用价值，又有观赏和收藏价值，既保留了泥土的质朴天性，又体现着其生产时代的特点，又因为它"方非一式，圆不一相"，变化无穷，不施釉彩，以素面素心立身，不以粉黛媚人，有的铭文还渗入了禅机佛理，常令把玩者生出无限遐想，有所悟、有所得，故而茶人、文人都对它情有独钟。

如何挑选紫砂壶?

答:拥有一把得心应手的紫砂壶,不仅冲泡出的茶更加醇和芬芳,更能使人获得美的感受,享受艺术的情趣。但是选壶并不容易。工艺美术大师徐秀棠说:"面对紫砂壶如同面对一本书,一件美术作品,要认真揣摩,细细品读。"挑选紫砂壶时要注意:一看造型,二看泥质,三看工艺,四试功能,最后再静下心来仔细审视壶的神韵。

挑选紫砂壶如何看造型?

答:紫砂壶的造型千姿百态,可归纳为光货、花货、筋囊货。无论哪一类,首先应当能得到自己的审美认同,且形、神、气、态兼备,具有艺术感染力。或从文静高雅中见气度,或从朴实厚重中见精巧;或令人感到返璞归真,或令人感到妙趣天成。夺人心目者,是为好壶!

挑选紫砂壶如何看泥质？

答：泥料是紫砂壶质量的基础。基本泥料可分为紫泥、朱砂泥和本山绿泥三类，随着现代化工业的进步，可在基泥中加入适量安全的着色剂，配合烧制时调控温度，使成品色泽变化无穷，妙不可言。不过，色泽艳丽不等于泥质好，挑壶时要通过看、听、摸来综合评判泥质。

如何通过"看"来鉴别紫砂泥料的优劣？

答：优质紫砂壶选料精良，炼泥精细，熟化时间长久，烧制时火温把控恰到好处，故烧成的壶色泽温婉如玉，质感凝重亲人，光华内蕴，给人以赏心悦目的视觉享受。相反，无光无彩，色泽呆滞，或明显经过打蜡、抛光，甚至上油的，此等均为劣质品。

怎样通过"听"来鉴定紫砂壶泥质的优劣？

答：这是一个有争议的问题。没有经验的人往往在"听壶"时因为敲打不得法而损坏了壶。正确的方法是用手平托壶身，然后用壶盖轻轻敲击壶身或壶把，发音短促且清脆者说明烧制温度适当，但泥质一般。发音带有金属声，清亮悦耳者为优质泥。若发音沉闷者则为劣质泥或烧制温度太低。若发音以钢声为主且余音悠扬者，为用优质泥烧制并经过长期保养的老壶。

如何从工艺性能来判断紫砂壶？

答：一般从壶盖看起，优质壶的壶盖与壶身纹丝合缝，用手旋转壶盖感到滑润不滞，无摩擦噪声。密封性好的壶装满水后用手指压住出水孔，倾斜壶身时不流水，放开出水孔即顺畅流水为佳。另外，看出水的水柱是否圆滑不散，收断自如，拉高到七寸也不泛花，持壶手感应舒适者为佳。

紫砂壶有哪些装饰手法？

答：紫砂壶的审美虽然侧重于素简、质朴、古雅，但在壶体形神具备的基础上，适当采用与壶体和泥质相适应的装饰，可以增强壶的艺术气质和思想内涵，并且提升收藏价值。常用的装饰手法有浮雕、堆雕、泥绘、彩绘、镶嵌、陶刻等，铭文和款识尤为重要。

紫砂壶有哪些传世铭文？

答：不胜枚举。如时大彬的"明月一天凉如水"，孟臣的"竹窗闲楼一片云"，吴德盛的"诗清只为饮茶多"，顾景舟的"此乐"，谭泉海的"阳羡壶、荆西茶，清吾诗脾写兰花"，启功的"逸情云上"，韩美林的"自在乐处"，陈用卿的"山中一杯水，能清天地心"等。

如何开壶？

答：挑选好称心的紫砂壶后，首先用养壶笔和清水把壶内外清洗干净。其次用浓肥皂液涂在壶口，再均匀地涂上金刚砂，盖上壶盖，双手用力反复打磨，直到壶盖转动时光滑不滞无噪声。最后在锅内放入一些茶末煮壶，即把壶用清水洗净后放入锅中，煮开半小时取出壶晾凉，再煮再晾，如此反复数次后，壶即开好了。

如何养壶？

答：养壶应当像养宠物一样投入感情并精心呵护，做到"三勤、三不宜"。"三勤"是指：勤使用，让壶在反复热胀冷缩的过程中不断改善晶相结构，形成包浆；勤把玩抚摸，使壶体温婉如玉泛光；勤清洗，保持壶体内外清洁。"三不宜"是指：不宜用化学洗涤剂清洗壶体；不宜长期在壶体内积留茶汤茶渣；不宜用粗硬物品擦拭壶体。

什么是茶艺？

答：茶艺是在茶道精神和美学理论指导下的茶事实践，是一门生活艺术。它包括艺茶的技能、奉茶的礼仪、品茶的艺术，以及茶人在茶事活动中以茶为媒介去沟通自然、内省自性、愉悦身心、完善自我的心理体验。修习茶文化分三种境界：得味、得韵、得道。茶艺属得韵境界，它是从得韵到得道的过渡。

修习茶艺的要点是什么？

答："以道驭艺，唯美是求"是修习茶艺的要点。修习茶艺是在茶道精神的指导下对茶艺的六要素（即人之美、茶之美、水之美、器之美、境之美、艺之美）进行美的赏析，然后顺应茶性，整合六美，做到在茶事活动中将"过程美"和"结果美"相统一。"结果美"即冲泡出色香味韵俱佳的好茶，把茶的内在美展示得淋漓尽致；"过程美"即在泡茶时给人以美的艺术享受，包括茶事活动的空间美、背景音乐美、茶席美、着装美、动作美、语言美等。

何为茶道追求的"人之美"？

答：茶道即人道，即人以茶修身养性之道。茶道追求的"人之美"并非一定要"闭月羞花""沉鱼落雁"或"貌如潘安"。从总体上看，男士当坚毅如松，虚心如竹，洒脱睿智。女士当人淡如菊，气质如兰，清纯如泉。这种美包括仪表美（形体美、服饰美、发型美）、风度美（仪态美、神韵美）、语言美和心灵美等四个方面。

 茶道如何欣赏茶之美？

答：茶得天地之和气，钟山川之灵禀，受日月之精华，以名山秀水为宅，与清风白云为伴，是美不胜收的珍木灵芽，自古有瑞草魁、涤烦子、晚甘侯、苦口师、橄榄仙、叶嘉等美称。茶之美包括名之美、形之美、色之美、味之美、香之美等。茶人应当全面去感悟茶中带来的自然信息。

茶²⁶²道 **中国茶道如何鉴水？**

答："水是茶之母，茶是水之体"，足见水对茶的重要性。水之美表现在清、轻、甘、活、冽。

其一，水质要清。水质清的表现是："朗也、静也、澄水貌也。"水质清洁、无色、透明、无沉淀物才能显出茶的本色。故清明不淆之水，称为"宜茶灵水"。

其二，水体要轻。明末无名氏著的《茗笈》中论证说："各种水欲辩美恶，以一器更酌而秤之，轻者为上。"清代乾隆皇帝很欣赏这种方法，外出巡视时都令太监带一个银斗称量各地名泉的重量，以水的轻重排名次。现代科学证明，比重较轻的水中所溶解的钙、镁、钠、铁等矿物质较少。矿物质溶解的越多，特别是镁、铁等离子越多，泡出的茶汤越苦涩，所以水以轻为佳。

其三，水味要甘。田艺蘅在《煮泉小品》中写道："甘、美也，香、芬也。""味美者曰甘泉，气芬者曰香泉。""泉惟甘香，故能养人。""凡水泉不甘，能笋茶味。"用现代语言表达，所谓水甘，即水一入口，舌尖顷刻便会有甜滋滋的美妙感觉，用这样的水泡茶自然会增茶味。

其四，水源要活。"流水不腐，户枢不蠹"，明代茶人认

为，泉不活者，食之有害。现代科学证明在活水中细菌不易大量繁殖，同时，活水中氧气和二氧化碳等气体的含量较高，泡出的茶汤滋味更加鲜爽。

其五，水温要冽。明代茶人认为"泉不难于清，而难于寒。"寒冽则茶味独全。因为寒冽之水多出于地层深处的矿脉之中，所受污染较少，泡出的茶汤滋味纯正。

古代茶人对宜茶用水提出的清、轻、甘、活、冽的标准虽均属经验之谈和感官体验，但却准确、全面地从总体上把握了茶道对水质的要求，这些标准即使以现代科学眼光来看也是可取的。

中国茶道如何欣赏器之美？

答：《周易》载"形而上谓之道；形而下谓之器。"足见"器"与"道"相互依存。在茶道中鉴赏器之美是强调以器示道时，器与人、茶、境、艺、的和谐美。即择器时必须做到因茶、因人、因艺、因境制宜，根据不同茶类的茶性，不同人的身份，泡茶的不同目的及不同的泡茶环境而择器。例如，中国六大茶类的茶性不同，选择的器皿应符合所冲泡之茶的茶性。同一个品种的茶类因冲泡的目不同，有的是为了待客，有的是为了品鉴，有的是为了修身养性，因此，选择的器皿也应当不同。欣赏茶器之美实用、协调、操作舒适是硬道理，绝不可本末倒置，只图好看不重实用。

茶道中何为"境"之美？

答："境"是中国古典美学中很重要的一个范畴，最早由唐代诗人王昌龄在《诗格》中提出，"境"是情景交融的心理感受，茶道中所说的"境"之美包括环境美、意境美、人境美和心境美四大部分。在修习茶道时，四境俱美才有助于以美为光，点亮心灯，启迪性灵。

如何才算环境美？

答：环境美包括外部环境和内部环境。外部环境美主要有以下六类："野泉烟火白云间"的幽野之美；"自汲湘江燃楚竹"的幽静之美；"龙头画舸衔明月"的壮阔之美；"鸟声低唱禅林雨"的幽寂之美；"俯聆弦管水声中"的都市园林幽清之美，以及"黄土筑墙茅盖屋，门前一树紫荆花"的田园牧歌情调之美。

品茗时，何为人境美？

答：明代朱权认为，凡能志绝尘境，栖神物外，不伍于世流，不污于世俗的雅士在一起品茶皆为人境美。张源提出："饮茶以客少为贵……独啜曰幽，二客曰胜，三四曰趣，五六曰泛，七八曰施。"笔者认为品茗者的素质是人境美的前提，在此基础上，独品得神，对啜得趣，众饮得慧，各有不同的美。"独品得神"即独自品茗时很少受到外界的干扰，容易心驰宏宇，深交自然或静心与茶对话，借茶内省自性，澡雪心灵，所以称为独品得神。"对啜得趣"，即两个人一起品茗，无论是与红颜知己，还是肝胆兄弟，都最能敞开心扉，相互交流，或者无须多言，心有灵犀一点通，所以称为"对啜得趣"。"众饮得慧"，即在众多好友相聚品茗时，人多、谈资多，最易学到书本中没有的知识，所以称之为"众饮得慧"。

 品茗时，何为心境美？

答：品茗是心的停歇、心的澡雪、心的放牧。心的停歇表现为"放下"，放下手头的工作，放下心中的烦恼，放下是非恩怨，用闲适之心去享受茶的自然信息。心的澡雪表现为用虚静空灵之心去接受茶的洗礼，让自己体验"萧然豁心目"的快意人生。心的放牧表现为破除一切"我执""法执"让能社会或自我囚禁的心自由自在地得到美的哺育，能不受约束地去体验至美天乐。

茶道与茶艺关系如何？

答：茶艺与茶道是性质不同但却紧密关联的两门学科。茶艺是"术"，术主技，载茶道而成艺。茶道是"心"，心主理，因茶艺而彰显。茶道是茶艺的"灵魂"，习茶艺必须"以道驭艺"，做到道、心、文、趣兼备。茶艺是茶道的表现，修茶道必须"以艺示道"，使茶道能被感知。道艺双修，心术并重，体、用结合是学茶之正道。

中国茶道300问

茶之养

茶之为用，味至寒。为饮，最宜精行俭德之人。清茶一杯，手捧一卷，操持雅好，神游物外，强身健体，锤炼意志。

 茶道与养生有什么关系？

答：养生是人类对健康长寿的自觉追求，其方法很多，茶道养生是最佳的途径之一。茶道养生妙在它不仅以茶养身、以道养心，而且重在以茶为媒介融入各种生活艺术，构建健康、诗意、时尚的生活方式；以茶为桥梁和纽带，沟通人心，增进亲情与友情，让人在身心愉悦的环境中享受生活，自然而然地益寿延年。

 世界卫生组织对健康如何定义？

答：世界卫生组织对健康的新定义是："健康即心理、生理、社会、环境的和谐统一。"具体来说，它包含强健的体魄，充沛的精力，敏捷的神经反应，良好的心理状态，平衡的情绪，积极乐观的处事态度，睡眠酣畅，胃口良好，体重适当，目光有神，毛发光泽，对生活的态度积极乐观，能很好地适应社会和自然环境。

以茶养生的物质基础有哪些？

答：以茶养身的物质有七百种以上，可分为五大类营养物质和五类功能物质。营养物质包括：蛋白质和氨基酸、脂类、糖类、矿物质、维生素。五大类功能物质包括：茶多酚、生物碱（咖啡因、可可碱、茶碱）芳香类物质、茶色素及其他（有机酸、脂多糖等）。

目前在宣传茶叶营养成分方面主要有哪些错误？

答：目前已进入自媒体时代，任何人都可以通过互联网讲茶，个别茶商为营利而恶意炒作，以讹传讹和有意误导的情况很多，在营养成分的宣传上主要表现在对蛋白质、维生素的宣传有误导，以及夸大茶的药效等方面。

对茶蛋白质的宣传有什么错误？

答：错误宣传中最常见的是"茶中含有丰富的蛋白质和氨基酸"。这是典型的夸大事实，虽然茶中总蛋白质的含量约占干物质的30%左右，但是绝大部蛋白质不溶于水，溶于水的不到2%。茶是泡着喝的，所以人体从茶中吸收的蛋白质和氨基酸量微乎其微，即使按一人每天消费干茶一两计算，所吸收的蛋白质和氨基酸的总量也不到1克，而人对蛋白质的日需要量是70~85克。另外，茶汤中的茶氨酸属于非精氨酸，应当如实讲明。

应如何评价茶中的蛋白质和氨基酸？

答：茶中人体可吸收的蛋白质不仅量少，而且其中的氨基酸主要是茶氨酸，并非人体必需的8种氨基酸。但应当强调的是，茶氨酸可促进神经系统，提高大脑功能，保护肝脏，增强免疫力，延缓衰老。另外，茶氨酸、谷氨酸能提升茶汤口感的甘爽度。

对茶叶进行宣传时有哪些常见的错误？

答：维生素的拉丁文是"Vitamin"，意思是"维持生命"。这是一类人体维持正常机能所不可缺少的有机化合物，已经过确认的有13种：维生素A、维生素B族、维生素C、D、E、K等。常见的宣传错误是不讲当代民众到底缺乏什么维生素，而是片面地去讲茶中含有丰富的多种维生素。

对茶叶中维生素C的宣传有什么错误？

答：我们常听到："绿茶没有经过发酵，维生素C的含量比其他茶类高，所以营养价值高"。说绿茶的维生素C的含量比其他茶类高，本身没有错，绿茶中维生素C的含量为250~500毫克/100克，确实比其他茶类高，但是不能因此就认为绿茶营养价值高，因为目前人们在日常生活中蔬菜水果即可满足他们对维生素C的需求，这种对比毫无意义。相反，红茶经过全发酵，其中无色的茶多酚被氧化为茶黄素、茶红素。茶黄素是心脑血管疾病的克星，且无任何副作用。黑茶经过后发酵，在微生物的作用下，生成的物质能有效地降低血脂，这些都是当代人，特别是营养过量的成功人士所需要的。

 对茶叶中维生素的宣传还有什么错误？

答：在宣传中只强调"茶叶中含有丰富的多种维生素"，而没有告诉消费者维生素分为水溶性和脂溶性两类。维生素A、D、E、K等都属于脂溶性维生素，它们不溶于水，而茶是泡来喝的，因此喝茶不可能获得脂溶性维生素，必须合理搭配膳食来补充。

 何为茶叶中的营养物质？何为功能物质？

答：营养物质是指医学界公认的维持生命所必不可少的物质，归为六类：蛋白质、脂类、碳水化合物（糖类）、矿物质、维生素和水。另外，一些对养生有益但不属于营养物质的归为功能物质。如芳香物质、茶多酚类、生物碱类、茶色素类、有机酸等。

如何正确评价茶的营养价值？

答：人体营养不良表现为缺乏营养、营养过剩和营养失衡等三种情况，只有营养适量且均衡，人才能健康。当代多数人都营养失衡，蛋白质、糖类、脂类过剩，矿物质、维生素摄入不平衡，能促使营养平衡的茶才是养生的好茶。另外，判断茶的营养价值还要看所选的茶中有助于身体健康的功能物质的含量。

 在对茶叶中微量元素的宣传方面有何错误？

答：最大的错误是有人不顾常识，宣传用铁壶煮水泡茶能补铁。铁确实是人体所必需的微量元素，但过量摄入对肝脏、心脏、肾及中枢神经都会造成损害，自古有"铜腥铁臭不宜茶"一说。现代茶学研究表明，当铁离子超标时会影响茶的汤色和香气。中国、日本、美国的饮用水标准都规定水中铁离子不得超过0.3毫克/升。

对茶叶中矿物质的宣传应当注意什么？

答：人体必需的微量元素有铁、铜、锌、钴、钼、锰、钒、锡、硅、硒、氟、镍、铬等14种，其中有一些人体并不缺乏，有一些人体易缺，但主要摄入源并不是茶，如钙、铁等。所以，宣传时要突出人体易缺并且可以通过饮茶来补充的如锌、硒、锰、碘、镍等微量元素。

茶道养生为什么特别强调"以道养心"？

答：因为心理健康是身体健康的基础，"以道养心"就是使人在茶事实践中去感悟茶道所包含的儒、释、道三教的思想精华，达到卢仝《茶歌》中所描述的那样，从"喉吻"润到"破孤闷、肌骨轻、通仙灵"，最终浑然忘我，一切放下甚至了脱生死得大自在。

独自品茶对养心有什么好处？

答：独品得神。独品时茶人的身心高度放松，内心空灵虚静，最易心驰宏宇，神交自然，人体的"小宇宙"便与大宇宙产生亲密交流，便会自然而然去怜惜花的妩媚、聆听茶的吟唱、抚摸水的颤动、感受落叶的静美……令人心旷神怡。

 和亲友一起品茶对健康有什么好处？

答：人都渴望友情亲情，沐浴在温情的阳光下生活有助于健康，例如格鲁吉亚有一位农妇活了132岁零91天。在她130岁时，有记者请教她长寿的秘诀，她回答道："首先是家庭和睦。"我国古代医学家、养生家孙思邈（581-682）享年101岁，他认为调养摄身之道必须从生活细节做起，其中家庭成员亲切、和睦、友好地相处尤为重要。因此有些养生专家把良好的生活习惯、良好的人际关系和良好的家庭氛围作为长寿最重要的三要素，常与亲友喝茶，无论是对啜得趣还是众饮得慧，都能增进感情，愉悦身心，促进健康长寿。

茶道 当前以茶养生的喝茶方法有哪些理论上的错误?

答：最常见的错误：一是强调早上不宜空腹喝茶，这样会伤脾胃；二是认为吃饭时及餐前餐后1小时内不宜喝茶，认为这样会影响消化；三是提倡春宜花茶，夏宜绿茶，秋宜乌龙，冬天宜喝红茶和普洱茶。

茶道 "早上不宜空腹喝茶"的观点为什么错?

答：第一，其不符合实际。许多寿星都爱空腹喝茶，例如时年106岁的茶学泰斗张天福增"早起后的第一件事就是烧水泡茶"。又如116岁时能健步登上长城，118岁时还能下厨房的人瑞刘彩容介绍养生经验时说："每天早上两大缸热茶灌下去，洗净肚肠，一天都舒服。"再如香港地区居民普遍嗜早茶，其女性人均寿命86.7岁，为世界之冠。第二，从理论上讲把早茶喝通、喝透有四大好处：其一，有利于把昨夜细胞内新陈代谢产生的过氧化物等有毒有害的物质排出体外，为人体做一次彻底环保。其二，茶中的生物碱和芳香族物质能提神醒脑，激活免疫系统，令人身心愉悦、精神饱满。其三，茶中的矿物质、维生素能补充早餐的营养缺陷。其四，降低血液黏稠度。

早晨宜怎样喝茶?

答:应当根据不同体质,不同年龄,择善而饮。对于绝大多数成年人而言,可以任意选择自己喜爱的茶。笔者早上爱喝老树生普、凤冈锌硒茶、武夷岩茶,用来激活生命正能量。老人、儿童、体虚、胃寒的人宜选择红茶或黑茶,可加奶或加糖,妇女最宜加蜂蜜。应注意早茶宜热饮。

为什么说"用餐时不宜喝茶"是错的?

答:第一,因为这种说法的理论根据不充分。其根据之一:餐时喝茶会稀释胃液影响消化。那么请问用餐时可否喝汤或喝饮料?根据之二:茶中的草酸、茶单宁等会与钙结合降低钙的吸收率。那么请问:菠菜中草酸的含量比茶多数倍故而此说法并不成立。第二,上述观点错在把试管化学等同于生命化学,因此经不起实践检验。我们身边无数活生生的事实都可证明边吃饭边喝茶对健康无害。当今多数人不是营养不足,而是营养过剩,现代医学研究证明茶多酚能和脂肪、蛋白质结合并降低其吸收率。边吃饭边喝茶,既饱了口福又能减肥、降"三高"。

 提倡"春喝花茶、夏喝绿茶、秋喝乌龙、冬喝红茶、黑茶"有什么错?

答:第一,这种观点看起来很有诗意,讲起来头头是道,他们没有任何供可衡量的标准,信口大讲茶的热性、温性、凉性,就是不讲人体对茶有极广泛的适应性,实践证明健康的人完全可以在各个季节,放心地品饮自己爱喝的茶。第二,世界长寿之乡新疆于田县居民常年喝黑茶,世界最长寿之岛本冲绳的民众常年喝绿茶,百岁新郎张天福一年四季随意喝茶……他们根据自己的喜好喝茶,都喝出了健康长寿。强调该观点既是错误的又是有害的:既限制了人们随意享受不同茶类所带来的不同乐趣,又不利于茶叶生产发展和营销。

 为什么说"春饮花茶"不对?

答:因为这种说法片面且易对消费者产生误导。《素问》载"春三月,此谓发陈,天地俱生,万物以荣",春天确实使人体新陈代谢变得旺盛,但同样是春天,我国北方干燥,南方潮湿,理应区别对待,只要饮茶方法正确,各类茶均可促进健康,绝非单纯饮用花茶。

 能否具体介绍春天当如何饮茶？

答：简而言之：健康的人可以按兴趣随意饮其所喜爱的任何一种茶，但若想增进茶的养生功效则宜调饮。例如，南方可调制肉桂生姜茶用来温通经脉，通肝化气，调中驱寒。北方可调制金银花山楂蜂蜜茶，用来清热解毒，益气补中。

 "夏喝绿茶"为什么错？

答：错在片面，错在误导。夏天可以喝绿茶，但是喝其他茶类同样可以解渴消暑。反之，绿茶不仅适合夏天喝，身体机能正常的人四季皆可饮用。广西巴马是世界最著名的长寿之乡，那里的人们一年到头都喝绿茶。日本是世界人均寿命最长的国家，多数日本人也是四季喝绿茶。

夏天宜喝什么茶？

答：体健者各类茶皆可饮，但不宜饮刚烘焙的茶。另外"夏三月，此谓蕃秀，天地气交，万物华实"，夏天阳气旺盛，暑热逼人，因流汗过多，易消耗身体真元，所以在清饮各类茶的基础上，有兴趣的朋友可试试调饮。例如用鱼腥草、淡竹叶、甘草、薄荷等配伍调制清心祛暑茶。

秋天宜喝什么茶？

答：体健者各类茶皆可饮。不过中医认为"秋三月，此谓容平，天气以急，地气以明。"秋天万物渐衰，人体受秋燥的影响常出现肺热，故宜补阴。补阴茶的验方很多，如竹荪银耳茶、麦地茶、天门冬茶、枇杷竹叶茶、梨子茶……有兴趣的朋友不妨自己动手一试。

冬天宜饮什么茶?

答:"冬三月,此谓闭藏,水冰地坼,阳气闭藏。"冬季人体新陈代谢缓慢,最好在清饮自己钟爱茶品的基础上,调配温补助阳的茶。如酥油茶、肉桂奶茶、参桂茶、枸杞桂圆茶、八宝茶等。

中国茶道与韩国茶礼有什么不同?

答:古云:"近水楼台先得月。"朝鲜半岛与中国山水相连,自古以来文化经济交流频繁。公元七世纪前,朝鲜半岛上高句丽、百济和新罗三国鼎立,这三国都仰慕中华文明,在隋唐时期常遣使来华学习。据官撰正史《三国史记·新罗本记》记载:"茶自善德王有之(约为632-647年)。""兴德王三年(828年)冬十二月,遣使入唐朝贡,文宗召对于麟德殿,宴赐有差。入唐回使大廉持茶种子来,王使命植于地理山。茶自善德王有之,至于此盛焉。"这种饮茶的方式后来演化为韩国茶礼,也称为茶仪,并发展成为民众共同遵守的传统饮茶风俗,主要在阴历的每月初一、十五、节日或祖先诞辰用于"贡人、贡神、贡佛的礼仪"。

韩国茶仪源于中国,但是融汇入自己的文化和民俗,在高句丽时期,朝鲜半岛已把茶礼贯彻于朝廷、官府、僧侣等阶层,其中佛教茶礼表现为以《敕修百丈清规》和《禅苑清规》为规范的禅宗茶礼。

到了近代,特别是1953年朝鲜战争停战后,韩国经济迅速发展,韩

国的茶礼也随之发展成为以"和、敬、俭、真"为四谛的现代韩国茶仪。"和"要人们心地善良，和平共处。"敬"要求有正确的礼仪，相互尊敬，以礼待人。"俭"是俭朴廉正、提倡朴素的生活。"真"是要真诚正直，为人正派。

韩国的茶礼非常注重形式美，整个过程从环境、茶席布置、书画、茶具搭配、茶点和投茶、冲泡、奉茶、吃茶的方式都有严格的规范和程序，意在弘扬韩国传统文化所倡导的团结、和谐的精神。在形式上主要有实用茶法、生活茶礼、献茶礼和茶道表演等，最有影响力的是流传至今的高句丽五行献寿茶礼，核心是祭祀"茶圣炎帝神农氏"，举办茶礼时参与人数众多，规模宏大，内涵丰富，是韩国茶礼的主要代表。

中国茶道与日本茶道有什么异同？

答：中国茶道与日本茶道的异同主要有以下三点：

其一，中国茶道是源，日本茶道是流。中国茶道是根，日本茶道是一个分支，中日两国茶文化的交流始于唐朝，最早是由三位日本高僧来华取经学习后把茶文化带回日本的。公元804年7月，日本高僧最澄和尚随遣唐使藤原葛麻吕来华，在天台山师从于道邃和尚同行满大和尚修行时学得了唐代的饮茶法。公元805年春，最澄回国时带回了茶籽并播种于京都比睿山麓的日吉神社，至今仍在日吉神社的茶园矗立着日本最早的茶园之碑。另一位高僧空海和尚公元804年和最澄和尚同船来华学习，他在长安（今西安市）的青龙寺拜惠果为师，修习密宗。公元806年，空海回日本开创了真言宗，成为日本宗教界领袖、著名的大学者。从回日本后直到圆寂的30年里，空海一边弘扬佛法，一边宣传茶文化，是日本茶道滥觞期的关键人物。还有一位日本高僧永忠和尚，他早在公元775年即随第15批遣唐使到长安，在西明寺学习，生活了30年。公元805年回国，促成了嵯峨天皇下令在日本的关西地区种茶。这三位高僧在嵯峨天皇的支持下身体力行，在日本上层社会推广饮茶，因为当时正处弘仁年间（公元810年-824年），所以史称弘仁茶风。弘仁茶风为后来日本茶道的创立奠定了基础。

其二，中国茶道的理论体系比日本茶道博大精深。日本茶文化从唐朝由和尚从中国传入日本之后，基本上是以佛教思想为主线来一脉传承的，日本历代的茶道大师都是皈依了佛门的高僧大德，如荣西和尚、村田珠光、武野绍鸥和日本现代抹茶茶道的鼻祖——提出日本茶道"四谛"为"和""敬""清""寂"的千利休等人。日本煎茶茶道也是由明代福建高僧隐元和尚传到日本的。

与日本茶道相比，中国茶道则"儒为肉、道为骨、佛为魂"，融汇了儒、释、道三教的思想精华，其理论体系从而更加博大精深。

其三，无论是日本的抹茶茶道，还是煎茶茶道，其所用的茶及表现形式都比较单一，然而中国有六大茶类，加之我国56个民族都爱茶，全国各地"千里不同风，百里不同俗"，茶风茶俗升华后即为茶艺，茶艺做到"道心文趣兼备"即能助人修身养性、澡雪心灵、彻悟禅机，佛理即为茶道。所以，从表现形式看，中国茶道百花齐放，异彩纷呈。

其四，日本茶道非常重视细节和规范，比中国茶道更重视饮茶空间和待客礼仪。这是值得中国茶道学习和借鉴的。

为什么日本茶道从实质上讲尚未悟道？

答：悟道是人心的彻底解放，佛教是指对佛理、佛法的彻底领会，表现为自我展现，心无挂碍地接受世间一切至美天乐。所以，佛教认为修行有"八万四千法门"，国外也有"条条大道通罗马"之说。但日本茶道仅仅局限于一种抹茶法（明代又添了一个煎茶茶道）这是远远不够的。仅就佛教而言，布袋和尚看到"插秧"而悟道。偈云："手把青秧插满田、低头便见水中天，六根清净方成道（稻），退步原来是向前。"船子德诚和尚观鱼而悟道，偈云："千尺四论治下垂，一波才动万波水随。夜静水寒鱼不食，满船空载明月归。""茶禅一味"的总结者圆悟克勤和尚因听鸡啼而悟道，偈云："金鸭香销锦绣帷，笙歌丛中醉扶归。少年一段风流事，只许佳人独自知。"《茶根谭》中介绍了释尊看见明星的闪光而悟道，灵云和尚看桃花盛开而悟道，香岩和尚听石块打击竹子的声音而悟道……所以中国茶道传承了修行真谛，不拘一格，以心体道，所以形成了中国茶道多姿多彩、道心文趣兼备的习茶方式。

仅就对美的体验而言，日本茶道拘泥于"清寂"之美，而中国茶道在不排斥、欣赏清寂之美的同时，也欣赏道家的幽玄之美，儒家的中庸之美，文士的清雅之美，皇家的辉煌之美，以及少数民族的热情奔放、朴实、旷达之美。可以说，修习中国茶道的茶人，对人生的体验比修习日本茶道要丰富得多，生动得多。

为什么台湾地区只讲茶艺，而内地既讲茶艺又讲茶道？

答：客观地说，中国现代茶艺的复兴源于20世纪70年代的台湾地区。当地的茶人们1978年在酝酿成立茶文化组织时，台湾民俗学会理事长娄子匡教授建议，为了区别于日本"茶道"，在台湾地区的茶文化复兴中使用"茶艺"一词，这一建议被多数与会代表接受，会后即成立了"台北市茶艺协会"。我国台湾曾沦为日本殖民地，台湾茶文化复兴时，当地茶人不用"茶道"一词，而用"茶艺"，原本是避免被世界各国视我国台湾茶文化复兴为步日本茶文化的后尘，是拾日本人的牙慧。但这个决定是非常错误的，因为这样就把本身是源于中国的茶道文化拱手让给了日本。

20世纪80年代，中国内陆地区的茶文化开始复兴，内陆的学者全面传承了中国的优秀传统文化，根据《易经》中的基本观点："形而上者谓之道，形而下者谓之器。"我国内地修习茶文化既讲"形而上"之道，又讲"形而下"之器；即既讲物质、技能、又讲精神、理论。目前，在我国多数地区的高等院校茶文化专业分为《中国茶道》和《中国茶艺学》两科。《中国茶道》侧重学习茶事活动与儒、释、道三教精神上的联系，以及对人修身养性的作用。《中国茶艺学》侧重学习人、茶、水、器、境、艺六大要素美的发现、美的整合、美的展示和美的欣赏。这正是我国内地比台湾地区茶文化和日本的茶文化所高明之处。

中国茶道的发展方向是什么？

答：中国茶道源远流长，国运兴则茶道兴。现代中国是发展茶道的最佳时期，主要从三个方面加以发展：

其一，茶道在世间，入世方能觉。

六祖有偈云："佛法在世间，不离世间觉，李离世觅菩提，恰如求兔角"。同样的道理，茶道在世间存在，是日常的生活行为之一，只有积极入世，去体验包括"柴米油盐酱醋茶"的世俗生活，"琴棋书画诗曲茶"的高雅生活，以及修行式的生活。

其二，习茶与认真读书相结合。

目前的几代人都生活在中国文化断层之后，对传统文化所知甚少，对古典文学功底单薄，必须补课。习近平总书记2014年3月18日至19日在兰考调研时强调："清茶一杯，手捧一卷，操持雅好，神游物外，强身健体，锤炼意志。"这种品茶与读书结合正适合修习茶道。对刚开始修习茶道的人讲"喝茶很简单，只是拿起放下"是一种误导，那是日本茶道祖师千利休习茶终生，顿悟后的体会。如果只讲"清茶一杯"而不讲"手捧一卷"，则永远不可能悟道。

其三，茶道文化要走向未来、走向世界，就必须与时尚元素结合，必然与世界各国的文化相结合，《佛陀与基督的对话》一书讲的就是不同文化的融合与互补。在今后茶道的发展中，陆羽与基督、与安拉、与圣母玛利亚的"对话"都是必然。我们不仅要有这种胸怀，而且要有这种远见。